U0344405

本书由华中师范大学出版社提供的出版基金全额资助

总主编／江作苏
执行主编／喻发胜

本书系湖北省社科基金项目“网络大众的影像书写：中国网络微视频生产研究”（项目编号：2013205）研究成果

网络大众的影像书写：中国网络微视频生产研究

WANGLUODAZHONG DE YINGXIANG SHUXIE:ZHONGGUO WANGLUO WEISHIPIN SHENGCHAN YANJIU

◎刘 琼／著

华中师范大学出版社

新出图证（鄂）字10号

图书在版编目（CIP）数据

网络大众的影像书写：中国网络微视频生产研究/刘琼 著.
—武汉：华中师范大学出版社，2014.9
（新闻与传播研究文库）
ISBN 978-7-5622-6689-1

Ⅰ.①网… Ⅱ.①刘… Ⅲ.①计算机网络—视频系统—研究—中国
Ⅳ.①TN941.3 ②TN919.8

中国版本图书馆CIP数据核字（2014）第136821号

网络大众的影像书写：中国网络微视频生产研究

责任编辑：张建英 **责任校对**：王 炜
封面设计：罗明波
编辑室：学术出版中心 **电话**：027－67863220
出版发行：华中师范大学出版社
社址：湖北省武汉市珞喻路152号 **邮编**：430079
电话：027－67863040（发行部） 027－67861321（邮购）
传真：027－67863291
网址：http：//www.ccnupress.com **电子信箱**：hscbs@public.wh.hb.cn
印刷：武汉中远印务有限公司 **督印**：章光琼
字数：166千字
开本：710mm×1000mm 1/16 **印张**：10.25
版次：2014年9月第1版 **印次**：2014年9月第1次印刷
定价：27.00元

欢迎上网查询、购书

序　言

江作苏

徐宝璜在中国第一部新闻学著作中曾带几分羡慕地说："在教育普及之国，其国民无分男女老少，平时有不看书者，几无不看新闻纸者。"百年之后再看当代，无分中外，现实生活已经证明，当代世界正深刻地被新闻传播现象所影响，只是"新闻纸"已进化为无所不在的各种传播介质。从新闻传播现象中总结出来的学说，也广泛被世界范围的政治学、经济学、社会学所吸纳，成为规律性基础理论。例如，传播学者麦克卢汉的《地球村》和纽约时报记者弗里德曼的《世界是平的》，这两本书的中心词，早已成为国际政治、经济、文化生活中广为认同的高频词。

新闻传播学作为一门实践性很强的学科，年轻而富有生气。这个学科在无限宽广、快速发展着的新闻传播实践中，有着丰富的研究对象和强劲的研究动力，不断拓展着自己的研究覆盖领域，并且与其他学科门类交叉融合，衍生出许多亚学科。可以说，在信息化浪潮席卷全球的背景下，与信息化紧密相连的新闻传播学，正在进入学术发展的快速成长期和成熟期，其表现为学术思想空前活跃，学术收获不断涌现，学术成果转化形式多种多样。当然，有待探讨的学术问题也层出不穷、浩如烟海。

国际传播语境呈现着快速变化的态势，基于技术进步带来的传播便利化，正在迅速打破固定的传播模式，把全人类和全球时空前所未有地、高效地联系在一起。在这个巨大变化和挑战的背景中去追求学术建树，是新闻传播学人必须树立的动态进取观，也是培育具有中国特色的新闻传播学说体系应有的前置心态。

开放的语境，促使我们必须从变化中去发现新的现象，找寻新的规律，研究新的课题，敏锐地调整自身的研究姿态，整合学术资源，形成自有的学术高地。

西方国家的新闻传播学研究，学术领域已经高度地向其他相关学科融合，总体上是在技术理性与人文精神的结合部，去寻找新的传播契合点。这种自身开放的学科定位，使得以经验性总结为基本学理的新闻传播学，获得了技术理性和跨文化的营养，在人本主义更加获得国际认同、高技术传播平民化的传播空间中，有了更为广阔的生存领地。

在大传播的思维模式下，很多不为传统传播界纳入视野的方式正在被应用，并产生强大的传播作用。我们可以注意到近些年来，非传统媒体和非传统传播方式，已经大量占领了传统媒体的“领地”。例如：

软件式传播。这种新闻和文化信息与计算机代码杂交出来的传播产品，非常深度地直接影响了当代受众。软件传播的无界性与整体性，系统化地把新闻信息或亚新闻信息与价值观打包给受众，这种“信息包”已经被证明有着强大的生命力。例如，伊战前后美国设计的丑化交战国元首的软件，就把信息与游戏结合在一起，甚至与很多技术性软件绑定在一起，它的开发与利用，不是一般媒体可以包揽的，需要深度整合资源，并且在教育源头设立媒介素质训练，在数字传播的空间里得到人才与理念的支撑。

“脸谱”式传播。原本作为社交平台的“脸谱网”，如今已经没有人否认它的强大传播影响力。这促使我们必须去思考传播力的建设，在传播平台的建设领域方面就应该有新的拓展。社交与传播本来不是一个领域的事情，但是在当代技术条件下两者的融合已经变为现实。这种模糊式的传播方式，可以降低阅听人在心理上的抵制程度，更加自然地获得影响力。

超限性传播。所谓超限，是指超越所有被称为或是可以理解为界限的东西。不论它属于物质的、精神的或是技术的，因为对界限的超越就是对方法的超越。“超限传播”、“不对称传播”以小规模重点式传播达成内置式影响，取得战略性效果，以类似以小搏大的“老鼠对猫”的非均衡、不对称博弈手法，达到全向度调控目标。在近些年发生的局部战争中，媒体甚至已被纳为超限战的工具。这是我们应该正视的现实。

扑克牌式传播。亦可以被称为“草根性传播”。这是降低传播门槛以贴近草根的娱乐方式进行传播的方式，也是出乎人们意表的低成本、接近性的传播方式。高技术条件下，合理运用这类方式，不仅是传播媒介的选择，也是传播姿态的优化，它在方法论的层面给人以启迪：但凡有人的地方，为人所接受的传播方式永远不会定于一尊。

还有博弈性传播、融合性传播、嵌入式传播、链接式传播等许多新出现的传播方式，都应该纳入我们的视野，以开放的心态为我所用。

掌握这些传播的新特点，深入把握新闻传播的新规律，努力提升本学科的水平，在于我们有着文化自信，有着坦诚务实的底气。在当世界经济舞台上屡现“中国奇迹”的同时，文化中国的形象还不够清晰，世界对包括新闻传播学在内的中国文化的“误读”屡屡发生。越是如此，越是要以坦然和开放的心态面对世界，自信地去说“中国话”，用世界通行的方式打造中国学术界的公信力。

华中师范大学是一所百年老校，这里学人辈出，代有英杰，其中不乏新闻传播界人士。校友恽代英早在1920年就创办利群书社，传播新思想、新文化，创办和主编的《中国青年》，影响了整整一代青年。在先哲精神的感召之下，后继之人当孜孜矻矻，沉潜于内，努力做出具有自身特色的教学科研成果以慰前贤和光大校声。现在编辑出版的“新闻与传播研究文库”，就是这种努力的一个体现，期望得到各界的指正。

是为序。

（作者系华中师范大学信息与新闻传播学院院长、教授、博导）

目　录

第一章　绪　论 ……………………………………………………………… 1
第一节　研究缘起与问题 …………………………………………………… 1
第二节　概念界定：网络微视频 …………………………………………… 7
第三节　研究的主要内容 …………………………………………………… 8
第四节　研究意义、方法与创新 …………………………………………… 11
第二章　背景考察：多元社会语境下网络微视频生产的兴起 ………… 13
第一节　网络微视频生产兴起的多元社会语境 …………………………… 13
一、政治背景：社会转型与市民社会勃兴 ………………………………… 14
二、经济语境：经济增长与文化产业崛起 ………………………………… 15
三、文化氛围：后现代转向与视觉文化的统治 …………………………… 16
四、媒介与技术条件：Web2.0及媒介融合趋势 ………………………… 18
第二节　网络微视频生产的变迁历程 ……………………………………… 19
一、萌芽导入期（2005年及以前） ………………………………………… 20
二、高速发展期（2006年—2007年） ……………………………………… 21
三、低迷整顿期（2008年—2009年） ……………………………………… 22
四、逐步稳定期（2010年至今） …………………………………………… 23
第三章　生产机制：网络环境下影像生产的变革 ……………………… 26
第一节　生产主体的转换与传受互动型生产模式的形成 ………………… 26
一、从单向到互动：文化传播理论的范式转移 …………………………… 26
二、微视频影像生产主体和生产模式的嬗变 ……………………………… 29
第二节　生产逻辑：文化、技术、商业的多重协奏 ……………………… 31
一、基于多元审美需求的文化逻辑 ………………………………………… 32

二、基于媒介发展演进的技术逻辑 …………………………………… 35
三、基于市场的商业逻辑 ………………………………………………… 39
第三节　筛选机制：把关规制的弱化与分散 ……………………………… 42
一、把关规制主体权力弱化与分散的成因 ……………………………… 42
二、把关规制的主要形式 ………………………………………………… 45
第四节　传播趋势：社会化的“裂变式”传播 …………………………… 50
一、社会化媒体概览 ……………………………………………………… 51
二、网络微视频与社会化媒体的融合趋势 ……………………………… 53
三、网络微视频的社会化“裂变式”传播过程 ………………………… 54
第四章　文本现实：大众化与个人化的复杂图景 ………………………… 58
第一节　网络微视频文本的类型构成 ……………………………………… 58
一、源自传统媒体的微视频 ……………………………………………… 58
二、网民原创微视频 ……………………………………………………… 59
三、网站自制微视频 ……………………………………………………… 61
第二节　网络微视频文本的形式表征 ……………………………………… 63
一、碎片化：浓缩的去中心化文本 ……………………………………… 64
二、互文性：对其他文本的吸收利用 …………………………………… 66
三、开放性：可书写的交互式文本 ……………………………………… 67
第三节　网络微视频文本的内容表征 ……………………………………… 69
一、“开麦拉是一支笔”：影像表达的个人化 …………………………… 69
二、契合大众审美趣味：题材视角的平民化 …………………………… 71
三、小叙事消解大叙事：叙事语言的网络化 …………………………… 72
第五章　意义解码：网络微视频生产的媒介文化功能 …………………… 78
第一节　网络独立短片中青年亚文化风格的呈现 ………………………… 78
一、自我的张扬表达 ……………………………………………………… 80
二、反叛的仪式抵抗 ……………………………………………………… 81
第二节　公民视频新闻与网络公共领域的建构 …………………………… 85
一、中国当前语境下的网络公共领域 …………………………………… 85
二、公民视频新闻生产所建构的网络影像公共领域 …………………… 89
第三节　网络原生微视频对传统影视产业的“反哺” …………………… 96
一、网络原生微视频“反哺”传统影视业渐成风潮 …………………… 96

二、网络原生微视频“反哺”传统影视业原因透视 …………… 99
第六章　策略建构：网络微视频生产的问题与发展 …………………… 105
第一节　网络微视频生产面临的问题 …………………… 105
一、民主提升下的理性迷失 …………………… 105
二、技术异化下的人文隐忧 …………………… 110
三、商业冲击下的审美焦虑 …………………… 114
四、行业整体“烧钱”的盈利困境 …………………… 121
第二节　网络微视频生产的发展路径 …………………… 123
一、网络微视频生产的发展前提 …………………… 123
二、网络微视频生产的发展策略 …………………… 128
结　语 …………………… 139
参考文献 …………………… 142
后　记 …………………… 150

第一章　绪　论

第一节　研究缘起与问题

文化形态由传统的话语文化形态向新型的视觉文化形态变迁，即文化的视觉化转向，已成为当代文化发展中最为夺目的景观之一。早在20世纪30年代，德国哲学家海德格尔就指出：我们正在进入“世界图像时代”。“世界图像并非意指一幅关于世界的图像，而是指世界被把握为图像了。”① 美国社会学家丹尼尔·贝尔则断言：“目前占统治地位的是视觉观念。声音和景象，尤其是后者，组织了美学，统率了观众。在一个大众社会里，这几乎是不可避免的。”进而指出：“当代文化正在变成一种视觉文化，而不是一种印刷文化，这是千真万确的事实。”② 英国文化批评家伊格尔顿也认为我们正面临着一个视觉文化时代，文化符号趋于图像霸权已是不争的事实。图像生产深刻地涉及现代社会的政治、科技、商业、美学四大主题。美国文化批评家詹姆逊进一步提出，在晚期资本主义社会，电影、电视、摄影等媒介的机械性复制以及商品化的大规模生产，构筑了“仿像社会”。在这个“仿像社会”中，我们看到了消费社会作为一个巨大的背景，将形象推至文化的前台这样的历史过程。从时间转向空间、从深度转向平面、从整体转向碎片，这一切正好契合了视觉快感的要求③。美国学者

---

① 孙周兴. 海德格尔选集（下卷）[M]. 上海：上海三联书店，1996：899.

② 丹尼尔·贝尔. 资本主义文化矛盾 [M]. 赵一凡，蒲隆，任晓晋，译. 北京：生活·读书·新知三联书店，1989：154-156.

③ 詹姆逊. 晚期资本主义的文化逻辑 [M]. 陈清侨，译. 北京：生活·读书·新知三联书店，1997：453.

W. J. T. 米歇尔认为，视觉文化可谓是“从最为高深精致的哲学思考到大众媒介最为粗俗浅薄的生产制作无一幸免。传统的遏制策略似乎不再适当，而一套全球化的视觉文化似乎在所难免”[①]。

在视觉文化盛行的时代，我们的生活与视觉符号的接受、理解和表达息息相关。每一个体、每一媒介组织都需要认真思考以下问题：如何培养对视觉符号的敏锐感知？如何形成积极参与和创造的习惯？如何提高在视觉文化氛围中的生存能力与竞争能力？中国无疑是一个视觉文化的消费大国，但衡量一个国家的文化发展水平主要是以文化生产作为标准，正如电影理论家阿斯特吕克所说：“文化的大消费时代，不是必然就是大文化的时代，特别是大创造的时代。”[②] 因而将研究注目于视觉文化的生产，似乎更有切实的意义。

影像生产是视觉文化生产的主要内容之一。对文化风向稍有些敏感的人应该都能感觉到影像正在当代文化中扮演着越来越重要的角色。各种电子媒介交汇激荡，制造出层出不穷的影像，充斥着我们的日常生活空间。影像的生产进一步激化了对技术的利用，与新技术应用紧密结合且发展强势的网络媒介在影像生产和传播中的作用日益凸显。

影像与网络的联姻催生了一种新的视觉文化形态——网络微视频。或许不少人对 2006 年的“馒头事件”仍然记忆犹新，电影名导陈凯歌耗费亿元的心血之作《无极》在一介草民胡戈的恶搞短片《一个馒头引发的血案》面前竟然不堪一击，这一带有恶搞性质的事件彻底颠覆了电影制作的严肃性和神秘性，成为轰动一时的文化热点，网络微视频由此开始为越来越多的人所关注。CNNIC2013 年的调查显示，对微视频“非常感兴趣”或“比较感兴趣”的网民占到 52.6%[③]。

在媒介移动化、生活快节奏的当代社会中，网络微视频为人们勾画出一幅幅碎片化，却又是绚丽多彩的视觉图景。更为重要的是，作为一种成本较低、制作便利、创作空间较大的文化形式，它打破了过去以精英为中心的文化生产方式，为草根提供了自我展示和无羁表达的平台，开拓了非主流意识形态的一

---

① W. J. T. 米歇尔. 图像转向 [M] //文化研究（第 3 辑）. 范静晔，译. 天津：天津社会科学院出版社，2002：17.

② 饭岛正. 阿斯特吕克的电影观 [J]. 陈笃忱，译. 世界电影，1989 (4).

③ 中国互联网络信息中心. 2013 年中国网民网络视频应用研究报告 [R]. 北京：中国互联网络信息中心，2014.

个崭新空间，成为移动影像表达时代最好的代言者。胡戈、“后舍男生”、“叫兽小星”、“筷子兄弟”等正是因利用微视频进行影像创作而书写了互联网时代的点击量神话；“西单女孩”、“旭日阳刚”、“巴士阿叔”、“犀利哥”等正是因为有意或无意中成为微视频的主角，进而成为万众瞩目的草根明星；沈阳大雪、重庆钉子户、归真堂“活取熊胆”、延安城管“暴跳踩头”等事件正是随着微视频的流传而备受关注。随着传播热度的上升，视频网站也开始纷纷涉足微视频制作领域，以此作为媒介竞争的重要武器——网络微视频的生产传播正给媒介生产传播带来新的变革。

学界对网络微视频的研究始于20世纪末，随着2005年世界上第一家有影响力的视频网站——美国YouTube网站以及中国第一家视频网站——土豆网的成立而出现。相关文献梳理发现，西方国家对网络微视频的研究大致分为两种取向：一种是从社会学、新闻传播学、心理学的视角讨论网络微视频与传统媒体的关系、网络微视频对网民心理及行为产生的影响、公民视频新闻传播及效果、网络微视频传播失范及规避等，另一种是从技术（研究者来自自然科学领域）和经济角度探讨网络视频技术的发展及产业应用。

国内的网络微视频研究成果主要散见于论文之中，相关著作为数不多，仅有唐建英（2011）的《博弈与平衡：网络音视频服务的规制研究》、王建磊（2012）的《草根报道与视频见证：公民视频新闻研究》、汤丽萍（2012）的《影像叙述现实·网络视频新媒体播客传播研究》、陈一（2012）的《拍客：炫目与自恋》、曾一果（2013）的《恶搞：反叛与颠覆》等。

国内的已有研究主要聚焦于以下议题：①网络微视频现状、前景、与其他视听媒体竞争关系及态势研究（侯光明，2013；马诚，2014；蔡学亮，2014）；②网络微视频用户心理及行为研究（王勇，2013；CNNIC，2014；iResearch，2014）；③网络微视频不同形态及内容生产研究（曹慎慎，2011；陈一，2012；张波，2012）；④网络微视频影响及效果研究（杜俊飞，2009；叶柯，2010；万晓红，2014）；⑤网络微视频广告研究（冯春辉，2010；宋若涛，2011；植静，2013）；⑥网络微视频管理研究（杜虹，2009；刘燕，2011；杨斌艳，2012）；⑦网络微视频产业研究（李然，2009；王鑫，2011；蒋宁平，2013），集中于对运营模式、产业链和盈利模式的分析，以经济学视角居多，其他学科介入很少。

微视频中的用户原创内容受到了特别关注。研究者从不同角度来展开分析。

杜建华等（2012）将“三网融合”背景下视频分享网站的内容生产趋势归纳为内容的细分化、体验化与搜索化，并对细分化趋势下不同UGC网站的差异化内容生产策略进行了考察①。北梦原（2011）分析了网络原创视频生产系统，提出其动力机制在于青少年自我展示的创作欲望和视频网站差异化竞争的需求，约束机制在于成本和媒介技术等方面的限制②。徐帆（2012）提出，基于机制、资本量、生产者、内容和受众五个面向的积累和支撑，“专业化节目自制”正成为中国视频网站内容生产的一种转向。从UGC（用户自制内容）到PGC（专业生产内容）的演变过程，正是中国视频网站向网络电视业态演进的过程③。还有学者探讨了国家相关管理政策带来的影响。如常昕（2012）对2012年7月9日广电总局④和国家互联网信息办公室联合下发的《关于进一步加强网络剧、微电影等网络视听节目管理的通知》进行了解读，认为该通知明确鼓励视频节目服务机构生产、制作播出优秀网络剧、微电影等专业类视听节目，是广电总局一次重大的政策创新，是顺应网民意愿，填补网络剧、微电影监管空白的必要之举，对提升网络视听节目的质量与品位，促进网络原创文化的创新发展具有重要意义⑤。薛强（2012）也认为，《通知》所规定的“自审自播”的人性化的灵活制度更加符合中国特色，不会打击微电影拍摄者的创作热情，相反，它对自制内容是鼓励策略，有积极的引导意义⑥。

就如何看待微视频的大众化、平民化特性，研究者看法不一。批评者认为其中的不良内容及侵权行为对社会造成了危害，如王琰等（2008）提出新媒体短片制作中存在模式广泛复制、内容参差不齐、隐私侵犯、暴力和色情突出、无病呻吟等问题，并提出了加强语言和道德规范，构建技术性和艺术性的和谐；传播社会的主流声音，寻求传播社会的共同认识；进行规范化和法制化的约束，建立系统的行业标准和法律法规等发展建议⑦。吴祐昕等（2009）注意到网络

---

① 杜建华，杜蓉．“三网融合”下视频分享网站内容细分化生产［J］．南方电视学刊，2011（3）．

② 北梦原．社会合力下的网络原创视频生产传播机制［J］．湖南广播电视大学学报，2011（1）．

③ 徐帆．从UGC到PGC：中国视频网站内容生产的走势分析［J］．中国广告，2012（2）．

④ 广电总局，全称为“国家广播电影电视总局”，2013年与国家新闻出版总署合并，后更名为“国家新闻出版广电总局”，为保证行文一致，文中出现的该机构一律简称为“广电总局”。

⑤ 常昕．互联网影视产品的自制与自治［J］．声屏世界，2012（9）．

⑥ 薛强．网络视听新规对微电影的影响［J］．声屏世界，2012（9）．

⑦ 王琰，余秀才．多元与重构——论新媒体短片的影像传播［J］．电影艺术，2008（1）．

视频传播带来了泄密、渗透、制造舆论、宣扬恐怖信息等威胁，提出加强监管、立法和掌握舆论主动权等对策措施[①]。蔡学亮（2014）认为投资、放映和传播平台的低门槛使得微电影内容生产质量堪忧，存在诸多问题：用情色、暴力、猎奇、猛料诱导收视，对少数族群、边缘群体、冷门问题非客观且不严谨地发表态度，广告劣质植入，恶性流量吸引等，可以从技术、内容、创意等方面寻求突破[②]。

大部分学者则肯定其充满个性和解构色彩，有助于民众个体权利的表达，使民间话语走向主流化。芦何秋等（2008）将“恶搞”视频的流行纳入20世纪90年代以来大众文化对“革命”和“知识分子精英”的双重祛魅过程之中，认为“恶搞”视频对现实生活的关注体现了网络群体自己新的价值和理想追求，有利于网民定期“清空”不良情绪，保持精神系统的动态平衡，从而保障整个社会的和谐与稳定[③]。沈卉（2010）提出由草根策划制作的、模仿主流影视文艺作品的小成本网络视频短剧——“山寨”剧可以挖掘草根平民创作和演技的天赋，培养出一批创新型的平民导演和演员人才。同时，尽管“山寨”剧的狂欢曾表现出颠覆与抵抗的姿态，但是它并不与主流文化完全对立，“山寨”剧可以大力发挥低成本、快速性、平民化、创新性、网络生存等优点，改造制作粗糙、简陋等缺点，开启与主流影视制作机构合作的大门[④]。任一慧（2010）认为，当前视频网站上用户原创的社会题材类的视频内容得到了重点关注，这类视频往往能改变主流媒体的议程设置和推动事件的发展方向，并最终引起传统媒体的重视，使民间话语敢于叫板官方话语，成为当今传播架构中的一股民间力量，同时也变革了新闻的生产方式和传播机制[⑤]。雷蔚真、欧阳春香（2010）提出，视频拍客的出现带动了公民视频新闻的发展，使“人人都是记者”成为可能。视频拍客丰富了原有的公民新闻的传播手段，缩短了新闻传播的时间，通过更加个性和多样化的表达完成自我议程的设置，变革着传统新闻的生产方式和传播机制[⑥]。陈一（2012）也认为拍客作为一种参与文化最大的冲击力在

---

① 吴祐昕，吴波，等. 网络视频的信息安全隐患及应对［J］. 中国广播电视学刊，2009（11）.

② 蔡学亮. 浅谈新媒体视域下微电影的发展之路［J］. 当代电影，2014（6）.

③ 芦何秋，徐琳. 网络“恶搞”视频的文化考量［J］. 电影艺术，2008（1）.

④ 沈卉. 互联网时代下“山寨”视频短剧考析［D］. 福州：福建师范大学，2010：35.

⑤ 任一慧. 网络视频使民间话语走向主流化［J］. 青年记者，2010（7）.

⑥ 雷蔚真，欧阳春香. 视频拍客对公民新闻传播机制的影响［J］. 新闻战线，2010（2）.

于打破了传统媒体影像传播的秩序，传统传播体系中摄影师的摆布、影像内容的规定、栏目定位、配音标准、版权制度等都被拍客重新定义了[①]。张波（2012）分析了微电影在当下中国的生产及消费态势，认为微电影在新媒体时代得到了大众的深度参与，既作为大众生产的影像文本而存在，又体现出了制作与欣赏方面的鲜明个人化趋势，这种复合特质尤其符合新媒体社会人群大众流动游走、节奏持续加快的一般生活特点[②]。侯光明（2013）提出，微电影充满个性的展现、互动的能量和互联网的精神，颠覆了电视、院线等传统发行渠道，悄然延伸着电影的概念[③]。丁宁（2013）在对微电影未来进行思考后指出，微电影应该契合网络传播时代的信息传播特征，根基于民间草根的原创，坚持多元自由的表达，从而在微时代掀起一场真正独立于传统影视的影像革命[④]。

尽管微视频已成为网络主流应用，其大量涌现在相当程度上改变了当下影像生产的格局与样貌，但目前国内外有关网络微视频生产的研究仍存在较大不足：其一，研究成果数量少，多依附于对网络视频的研究，缺乏对“微”视频的专门性研究；其二，未形成相对稳定的研究团队，研究较为分散，缺乏整体性与系统性，或仅注目于某一特定的微视频类型、文本，或仅从一个角度，如网民角度、视频网站角度、政府角度来展开研究，缺乏将微视频置于社会历史变革的多元语境之下进行多角度考察的宏观视野；其三，研究者虽普遍注意到网络微视频具有鲜明的大众化、平民化色彩，对其积极作用和消极影响也有一定认识，但与此相关的论述多流于对表层现状的描述，很少从微视频产生的源头——文本生产的视角出发对深层的生产机制进行考察，也很少针对微视频文本展开具体分析，理论探讨不够深入，因而对网络微视频媒介文化意义的阐释、对其发展中存在问题的归纳与发展策略的建构也显得过于空泛。

传播学者李金铨认为，在思考研究问题时应“尽量将个人兴趣和公共议题联系起来，把困惑自己的问题——自由，饥饿，或别的——普遍化成为一个社会问题，让研究连缀成一个体系，而非支离破碎的联想。这样做研究，总觉得

---

① 陈一．拍客：炫目与自恋［M］．苏州：苏州大学出版社，2012：118.

② 张波．论微电影在当下中国的生产及消费态势［J］．现代传播，2012（3）.

③ 侯光明．论中国微电影大时代的到来及其发展路径［J］．当代电影，2013（11）.

④ 丁宁．网络化与电影化之间的寻位——以新浪微视频大赛为例分析网络传播视域下的微电影创作［J］．贵州大学学报：艺术版，2013（4）.

有理想在召唤”①。目前网络微视频影响日益广泛，越来越多的网民和媒介组织正介入微视频生产领域，成为影像世界的积极建构者和传播者。笔者认为，有必要对网络微视频生产展开全面、深入、系统的研究，以弥补现有研究中的缺憾。在览看众多微视频文本的基础上，本书试图回答以下问题：

（1）网络微视频生产为何兴起？发展过程如何？

（2）网络微视频流行的奥秘何在？

（3）众多网络微视频文本之间存在何种共性？

（4）网络微视频生产具有怎样的媒介文化意义？

（5）网络微视频生产中存在哪些问题？怎样才能更好地发展？

第二节　概念界定：网络微视频

目前学界和业界对网络微视频并无统一的定义，甚至连名称也是五花八门，如数字短片、新媒体短片、网络短片、DV 短片、短视频等。流传较广的对网络微视频的定义出自优酷网 CEO 古永锵：“微视频（又称‘视频分享类短片’）是指个体通过 PC、手机、摄像头、DV、DC 等多种视频终端摄录、上传互联网进而播放共享的短则 30 秒，长的一般在 20 分钟左右，内容广泛，视频形态多样，涵盖小电影、记录短片、DV 短片、视频剪辑、广告片段等的视频短片的统称。其中，短、快、精、大众参与性、随时随地随意性是微视频最大的特点。”工业和信息化部电信研究院通信信息研究所研究员汪卫国的观点与古永锵不谋而合：“视频分享是业务提供商在互联网上建立一个开放的平台，互联网用户可以把自己制作的视频上传到平台上，供其他互联网用户在线观看的视频共享业务。视频分享业务是 Web2.0 发展的产物，其实质是 UGV（Users Generated Video——用户制作视频），传播的视频内容一般来自互联网网民，由于视频时长较短，又被称为微视频。”上述定义将网络微视频局限于用户制作上传的视频分享类短片并不准确。由于定义出现于微视频发展早期，当时视频分享网站风头正盛，网络上的微视频基本上是网民上传的原创、二次加工和转载视频，加之古永锵是当时最大的视频分享网站优酷网的 CEO，此种定义的出现自是不足为奇。目前网络微视频的发展日新月异，除了网民草根创作外，也有许多出自视频网站和专业内容机构的制作团队之手。

① 李金铨，黄煜．中国传媒研究、学术风格及其它［J］．媒介研究，2004（2）．

第一视频集团董事局主席、中国互联网协会副理事长张力军将微视频定义为："播放时长介于3～5分钟的视频，兼顾新闻性、评论性与娱乐性，且更加方便在多媒体融合时代，满足网民使用横跨互联网、手机、移动终端多种形式来观看节目的需求。"将微视频时长限定于"3～5分钟"过于严格，且微视频是否必须"兼顾新闻性、评论性与娱乐性"也值得商榷。目前风头正劲的微电影中，时长在30分钟左右的并不鲜见，有一些还超过了40分钟，如"筷子兄弟"制作的微电影《老男孩》(42分42秒)，已被公认为微视频的经典之作。

笔者认为，对于网络微视频的理解，应该抓住两点：第一，时长较短。随着新的微视频的不断涌现，片面拘泥于以播放时间作为判断标准，显然不够准确，所以时长只是与网络长视频比较而言的相对概念，如长视频中的电影动辄一两小时，而微电影基本上都在50分钟之内，虽然时长与传统电视剧差不多，但相对于影院电影或电视电影（即只在电视上播放的电影，通常由电视台制作或电影公司制作后再卖给电视台——笔者注）仍然可称"微"。第二，节目形态短平快、多样化，可以快速满足受众的各种需求。微视频这一节目形式是根据网络特点对网络长视频节目形式的革新：长视频以制作精良的传统高清影视剧为主；而微视频节目制作简易便捷、短小精悍、贴近生活、形态多样化，涵盖微电影、网络剧、知识分享类短片、个人展示类短片、广告片段等，注重发布的及时性和互动性，意在满足紧张生活节奏中人们对新闻资讯、时评、娱乐等快速分享的需要。

综上所述，笔者将本书中的网络微视频界定为：网络微视频是基于流媒体技术，通过互联网进行传播，借助电脑、手机等用户终端观看，在短时间内播放的数字视听内容。相对于传统影视剧等长视频而言，它形态多样，可随时随地进行快速分享与消费。

第三节　研究的主要内容

本书以生产为切入点对网络微视频这一新兴的视觉文化形态进行考察，以把握当下中国网络微视频生产的兴起背景、生产逻辑、文本现实、媒介文化功能、问题及对策，旨在深化对网络微视频生产状况与规律的认识，更好地促进其未来发展。全书共分七个部分，各部分的主要内容如下：

第一章：绪论。本部分有三个内容。一是研究缘起与问题。随着视觉文化的盛行，形象符号的接受、理解、书写和表达成为个人必要的生存手段与生活

方式，如何创造视觉文化，怎样培养在形象符号环境中的感觉力、生存力、创造力与竞争力，是个人或媒介组织需要面对的一系列重大问题。影像生产是视觉文化生产的主要内容之一。影像与网络的联姻催生了网络微视频这一新的视觉文化形态。它的影响日益广泛，越来越多的网民和媒介组织正介入微视频生产领域，成为影像世界的积极建构者和传播者。目前国内有关网络微视频生产的研究成果数量少，且缺乏整体性和深刻性，由此提出了本书的研究问题：①网络微视频生产为何兴起？发展过程如何？②网络微视频流行的奥秘何在？③众多网络微视频文本之间存在何种共性？④网络微视频生产具有怎样的媒介文化意义？⑤网络微视频生产中存在哪些问题？怎样才能更好地发展？二是对本书的核心概念——网络微视频进行了界定。网络微视频是基于流媒体技术，通过互联网进行传播，借助电脑、手机等用户终端观看，在短时间内播放的数字视听内容。三是阐明了研究意义与方法。

第二章：背景考察：多元社会语境下网络微视频生产的兴起。本章分为两节。第一节分析了网络微视频生产兴起的多元社会语境：政治背景是社会的转型与市民社会勃兴，经济语境是经济的快速增长与网络文化产业的崛起，文化氛围是文化的后现代转向与视觉文化的统治，媒介与技术条件在于 Web2.0 时代的来临及媒介融合趋势。第二节梳理了网络微视频生产的变迁历程，将其分为萌芽导入期、高速发展期、低迷整顿期和逐步稳定期。从网络微视频的变迁轨迹中不难发现：来自网民的内容贡献始终是微视频兴起发展的巨大动力，视频网站和专业影视业者的微视频生产也始终以“用户需求”为导向。可以说，在影像生产的诸多形态之中，网络微视频是草根气息最为浓厚、大众基础最为深厚的形态之一。

第三章：生产机制：网络环境下影像生产的变革。本章分为四节，分别从生产主体与生产模式、生产逻辑、筛选机制、传播趋势等方面对网络微视频的生产机制进行考察，结果发现网络微视频生产与传统影像生产在上述方面存在较大的区别。随着媒介技术的进步，文化传播范式不断由信息单向传递型范式向双向互动型范式转移，普通网民成为网络影像生产的主体。在网络微视频生产中，注重受众参与和反馈的传受互动型生产模式取代了传统媒体环境下完全由精英和专业人士主导的生产模式。处在产业化进程中的网络微视频兼具多重身份：既是新媒介技术发展的产物，又是当下正从边缘进入主流的视觉文化形态，同时也是一种文化商品。基于媒介发展演进的技术逻辑，基于草根、精英、官方多元审美需求的文化逻辑（其中大众草根文化占据了主导地位），基于市场的商业逻辑成为网络微视频生产中的三大逻辑。这与传统媒体生产中政府、市场、媒体成为三大控制力量的权力格局相比，显然有了较大的区别。在筛选机制上，网络微视频的把关规制主体权力出现了较明显的弱化与分散，把关规制手段多元化，网民个体把关、网络媒体组织把关、政府规制、技术控制成为四种重要的把关规制方式。相对而言，政府和媒体组织的把关功能被削弱，网民个体自律的重要性增强，且出现了技术控制这一新媒体环境下特有的把关手段。但个体自律依赖于个人道德自律，技术障碍常常容易被网民巧妙规避而出现失灵，所以政府和媒体组织的把关作用仍然不可忽视。在传播方式上，网络微视频行业正加速与社会化媒体的融合，借力社会化平台上网民积极的信息分享传递行为进行“裂变式”传播成为微视频的传播趋势，这有力地解释了优秀微视频作品在网络上迅速流传的原因。总之，网络微视频生产是对传统影像生产的变革，在这一过程中，“大众”的地位得到了极大提高，从某种意义上说，微视频生产是网络上大众一次酣畅淋漓的影像书写。

第四章：文本现实：大众化与个人化的复杂图景。本章分为两节。第一节根据生产主体的不同，将网络微视频划分为源自传统媒体的微视频、网民原创微视频和网站自制微视频三大类。第二、三节分析了网络微视频文本的形式表征与内容表征。其形式表征体现为碎片化、互文性和开放性，内容表征体现为影像表达的个人化、题材视角的平民化和叙事语言的网络化。作为网络时代新的影像书写工具，微视频根据网络传播特点和网民的观看习惯进行生产，它们既忠实记录了剧烈变革的当代中国社会中众多个体的多样化观察思考，也映射出作为整体的大众在特定时代背景下的一些共同特质。

第五章：意义解码：网络微视频生产的媒介文化功能。本章分为三节，分别探讨了三类具有代表性的网络微视频对于媒介文化发展的意义和影响。以青年群体为生产主体的网络独立短片中，流露出浓厚的亚文化风格，实现了生产视角的“向内转”（对创作者私人空间的张扬）和“向下沉”（对主流霸权的颠覆和对社会底层的强烈关注），以另类反叛的姿态冲击着长期由精英把持的影像体系；众多由普通公民发布的报道社会现实的公民视频新闻，已建构出一个网络影像公共领域的雏形，其对弱势群体的自发关怀，对社会不公的极力披露，对公共事务的舆论监督，在一定程度上推动了社会民主化的进程；网络原生视频反向输出传统影视业，打破了传统媒体垄断影像生产的格局。网络媒体与传统媒体在视频内容上日益密切的合作，将对媒介传播格局产生重要而深远的影响。

第六章：策略建构：网络微视频生产的问题及发展。本章分为两节。第一节将网络微视频生产面临的现实问题归纳为技术异化下的人文隐忧、民主提升下的理性迷失、商业冲击下的审美焦虑、行业整体“烧钱”的盈利困境四个主要方面。第二节对未来的发展路径进行了思考：首先必须将网络微视频准确定位为一种源于草根大众的、快速消费的视觉文化样式，正确认识生产中商业、技术、文化逻辑之间的关系。在此基础上提出视频网站应挖掘优质内容、实施差异化竞争，视频产业应优化盈利模式、推动产业联合，政府应结合多种手段，建立面向媒介融合的管理体系，以及培育网民媒介素养、提高视频创作与欣赏能力的发展策略。

结语部分对全书进行了回顾和总结，并指出目前网络微视频生产已呈现出创作由业余向专业、内容由恶搞向原创、制作由粗糙向高品质和由自娱自乐向商业营利等发展趋势。但由于微视频微制作的特点，它鼓励创作者的自由表达，在专业性与大众性之间更倾向于大众性，其主体仍在于普通网民和可能走上影视之路的专业草根群体。网络微视频中最具有活力的部分，依然是与商业文化和主流意识形态保持距离的部分，“草根性”微视频是其生命力所在。在重视草根原创，以大成本打造不以营利为目的的高端微视频发布平台的基础上，引进一些专业化的制作理念和技术，生产一批既有一定品质又能获得丰厚商业回报的“网站出品”内容，可以起到提高网站竞争力和丰富微视频形态的作用。

第四节　研究意义、方法与创新

一、研究意义

目前政府高度重视网络等新兴文化业态的发展。网络微视频是学界和业界都开始关注的网络视觉文化形态，它打破了过去以精英为中心的文化生产方式，吸引了越来越多的网民积极参与，其大量涌现在相当程度上改变了当下影像生产的格局与样貌，正推动中国影视业步入真正的平民时代。该领域变化速度快，存在的问题也比较多，政府、业界、网民对其认识不足。因此本研究是适应媒介发展现状、紧跟学术前沿的需要，具有很强的理论与现实意义。研究立足于对大量文本的解读，围绕兴起语境、变迁历程、生产机制、文本现实、媒介文化功能、现存问题与发展路径等方面展开研究，深化了对微视频生产状况与规律的认识，能够为政府管制提供有益的决策参考，为业界的发展提供前瞻性指

导，为正确引导网民的微视频生产行为提供价值导向。此外，对网络微视频生产全面、深入、系统的研究弥补了现有研究中的缺憾，从学理上丰富和发展了视觉文化和网络文化研究体系。

二、研究方法

(1) 跨学科研究：立足于对众多文本的解读，打破学科壁垒，融合了新闻传播学、影视学、文艺学、政治学、经济学、管理学、后现代理论等多学科知识展开分析。

(2) 外部研究与内部研究相结合：既考虑外部社会语境和媒介环境的变化对网络微视频生产的影响，探讨其在生产机制上的变化；又深入到文本内部，考察网络微视频的文本特征以及媒介文化功能，以准确把握网络微视频生产的整体风貌与未来发展。

(3) 宏观把握与微观分析相结合：研究除了对网络微视频生产进行整体观照之外，还选取大量典型文本进行具体解读。

(4) 认同与批判并重：网络微视频在中国尚属新生事物，发展模式远未成熟，对其进行研究无疑既需要具备适应现时代的、发展的眼光和建构主义的态度，又需要保持清醒的批判意识。本书一方面探讨了网络微视频生产与文本之于传统影像生产所体现出的革命性变化及特征，以此探讨其在亚文化风格呈现、网络公共领域建构、“反哺”传统影视产业等方面的积极意义；另一方面以批判的姿态对存在的理性迷失、技术异化、商业冲击、盈利尴尬等问题进行分析，并提出相应的对策。

三、研究创新点

本研究关注当下蓬勃发展的新兴视觉文化形态——网络微视频，以生产这一文化产业体系的基础与核心环节作为切入点对微视频领域进行整体把握，对微视频的“大众”特质进行多角度论述，视角较为独特，研究内容具有原创性和开拓性。以往的研究或局限于视频内容的传播，或探讨技术发展，或关注产业运营管理，而本研究则综合运用多种理论展开全面论述，学科交叉性明显，较已有成果在研究内涵和深度上都有极大的推进，填补了目前有关网络微视频生产系统研究的理论空白。特别是对微视频生产机制所进行的深入剖析，极具原创性。对微视频生产发展路径的建构立足于大量的理论研究与文本分析基础之上，更具科学性和有效性。

第二章　背景考察：多元社会语境下网络微视频生产的兴起

第一节　网络微视频生产兴起的多元社会语境

在《社会学方法的准则》一书中，法国社会学的奠基者埃米尔·迪尔凯姆提出了“用社会事实来解释社会事实”的著名准则，即当我们欲在不断变幻的社会文化大潮中探求某个社会事实的决定性原因时，只能依赖于先行的社会事实。“必须从社会本身的性质中寻找社会生活的说明”，“必须从社会内部的结构中寻找重要的社会进程的最初起因”①。网络微视频诞生于媒介飞速发展、技术日新月异的网络时代，正如加拿大传播巨匠麦克卢汉所言：“任何媒介（即人的任何延伸）对个人和社会的任何影响，都是由于新的尺度产生的；我们的任何一种延伸（或曰任何一种新的技术），都要在我们的事务中引进一种新的尺度。”② 互联网这一新媒体形态为影像的生产提供了一种不同于传统媒体的新的尺度，是网络微视频赖以生存的土壤。因此，网络时代所提供的媒介技术语境是容易被最先感知、认识和理解微视频生产的一个重要出发点。

然而，仅仅局限于在媒介技术甚至大众传媒的框架之内来探讨网络微视频生产，不免有狭隘之嫌。只有采用多变量分析的操作方法研究一种社会现象存

---

① E. 迪尔凯姆. 社会学方法的准则［M］. 狄玉明，译. 北京：商务印书馆，1995：85.

② 埃里克·麦克卢汉：麦克卢汉精粹［M］. 何道宽，译. 南京：南京大学出版社，2000：227.

在于其中的“场”——社会环境，在因果链交织的历史和社会之网中，探究社会现象的因果来由，方能对这种社会现象进行准确的定位和判断[①]。网络微视频的兴起和发展，牵涉到广阔的社会背景，尤其与当前社会各领域的整体变革和全面转型密不可分。在此笔者着重选取了政治、经济、文化、媒介与技术等几个重要方面，来分析网络微视频快速兴起的多元社会语境与社会动因。

一、政治背景：社会转型与市民社会勃兴

改革开放后，中国的社会结构发生了很大变化，开始了向市民社会过渡的历程。市民社会遵循法治、自治和民主原则，它是在填补国家逐渐退出过去控制领域空缺的过程中出现的社会组织形式，是给民众以更多活动自由的公共空间和社会资源。在这一社会形态中，以政治衡量一切的标准被打破，人们开始从政治、经济、文化等多维视角来关照社会。人的主体性地位进一步确立，人的需要和价值得到尊重。

广义的市民社会涵括了私人领域（个人私域）与公共领域。市民社会的私域是以市场经济甚或私有产权为基础的，也是以社会资源和社会分化为基础的私人活动与私人交往的空间。在这一空间内，个体有着自己的独立人格，可以按照自己的兴趣、爱好、承诺或者生活习惯等非行政因素进行自由、自主的经济、社会活动和交往。与此相应，在私人话语空间里，人们可以以个人身份表达看法、展示私生活。公共领域是指在政治权利之外，作为民主政治基本条件的公民自由表达以及沟通意见、达成共识的社会生活领域。在公共话语空间里，公民个人能以公众身份就社会公共事务展开自由、集中和理性的讨论，并在此基础上达成共识，产生公共意见。市民社会存在的基础是国家和社会的分离。由于国家政治主控地位的退隐，市民社会公共话语空间和私人话语空间的开放性大大提高，二者之间界限出现消融的趋势。

当然，中国的市民社会并没有完全成型，重大事件的话语权仍由国家把持，在草根与庙堂的较量中，后者仍然占据上风。但无论如何，中心意识形态控制已被削弱，人们参与和诉说的热情开始复苏，渴望交流的本性和对社会事务的关注使人们迫切需要一个表达、展示、对话和交流的平台。于是，作为社会风向标的传媒，尤其是具有自由、平等、开放、互动等特征的网络，理所当然地

---

① 岳璐．当代中国大众传媒的明星生产与消费［M］．长沙：岳麓书社，2009：35.

担负起了建构市民社会中公共话语空间和私人话语空间的重任。

借助网络这一创作平台，微视频创作者可以尽情舒展对于公共事件的参与热情。在禽流感、汶川地震、奥运火炬传递、杭州飙车撞人事件、黔西南百年大旱、青海玉树地震、校园系列砍人事件等众多标志性社会公共事件中，微视频都起到了记录真相的重要作用，吸引了众多眼球并带来大量的留言、跟帖、评论，社会动员效果明显。另一方面，创作者们又常常通过微视频来抒写才华、展示自我、宣泄情绪、倾诉心事、曝光隐私，将私人领域“公开化”，观众在观赏他人作品、进入他人生活、窥探他人隐私的同时，也获得了一种感同身受的“移情效应”，一种心理上的满足，这也是伴随着市民化而出现的注重感官享受、文化通俗化趋势的一种体现。

二、经济语境：经济增长与文化产业崛起

在过去六十余年中，我国国民经济综合实力实现了由弱到强、由小到大的历史性巨变。始于1978年的经济体制改革和对外开放更是使社会生产力得到极大解放，经济总量迅猛扩张。1979年—2010年国内生产总值年均实际增长9.9%，是同期世界经济年均增速的3倍多。2010年我国国内生产总值已超过日本，居世界第二位，仅次于美国。目前我国从总体上已经进入小康社会，正在向全面小康目标迈进，城乡居民收入快速增长。人均国内生产总值由1952年的119元上升到2010年的29762元，实际增长200多倍。

经济的高速发展为包括网络视频在内的互联网行业奠定了物质基础。2010年底，城镇居民家庭平均每百户拥有移动电话188.9部，拥有家用计算机71.2台。农村居民家庭平均每百户拥有移动电话136.5部，拥有家用计算机10.4台①。随着笔记本电脑、手机、平板电脑以及各种摄像器材等的日益普及，网民可以随时随地通过摄像头录制并发布网络微视频，也可以在碎片化时间里十分便捷地观看微视频内容。

网络微视频崛起的另一宏观经济语境是政府对文化产业的高度重视。2000年10月，中共中央十五届五中全会通过的《中共中央关于“十五”规划的建议》第一次明确使用了“文化产业”的概念，提出要“推动有关文化产业发展”。2001年3月，这一建议被正式写进九届全国人大四次会议通过的国民经济和社

---

① 马建堂．党领导我们在民族复兴大道上奋勇前进［J］．经济研究，2011（6）．

会发展“十五”规划纲要，从而使文化产业作为中国当代文化建设的重要形态，获得了合法性身份①。自此，政府对文化产业的重视不断加强。2007 年党的十七大报告中多次提到“发展文化产业”，“文化大发展大繁荣”、“文化创造活力”、“文化软实力”、“文化权益”、“文化生产力”、“文化产业群”等新名词频频闪现，为文化产业的发展创造了良好机遇。2009 年国务院发布《文化产业振兴规划》，标志着发展文化产业已上升到国家战略层面，并进入实施阶段②。2011 年 10 月中共第十七届六中全会确立了“努力建设社会主义文化强国”的目标，提出“加快发展文化产业，推动文化产业成为国民经济支柱性产业”，作为会议主要论题的“文化产业”热度再次升温，成为国家和社会发展的重中之重。在短短十年的时间里，文化产业从无到有、从小到大、从自发到自觉、从局部到全局，在人类产业发展史上实属罕见。

随着网民人数的快速增长和网络影响力的不断扩大，网络文化成为主流文化的重要组成部分，网络文化产业在文化产业中的地位也日益突出。2002 年，网络文化兴起之初，党的十六大报告就提出：“互联网站要成为传播先进文化的重要阵地。”2007 年党的十七大以来，中央提出大力发展中国特色网络文化，加强网络文化建设和管理，充分发挥互联网等信息网络在社会主义文化建设中的重要作用，使其成为传播社会主义先进文化的新途径、公共文化服务的新平台、人们健康精神文化生活的新空间、对外宣传的新渠道。《文化产业振兴规划》为进一步推动新兴文化业态发展，为文化与科技的融合发展指明方向，提出“采用数字、网络等高新技术，大力推动文化产业升级”，网络广播影视、数字内容等成为重点发展的产业。政府对文化产业特别是网络文化产业的重视为网络微视频生产提供了良好的环境。

三、文化氛围：后现代转向与视觉文化的统治

文化的后现代转向是中国当下正在经历的一场文化变迁。后现代社会的显著特点之一是一些主要的界限和分野的消失，即“内爆”（这一概念源自麦克卢汉，主要是相对于信息无休止膨胀扩张引起的“外爆”提出的）。文化的后现代转向消弭了精英文化和大众文化、高雅文化和通俗文化之间的差异，模糊了艺

---

① 胡惠林，单世联. 文化产业学概论［M］. 太原：书海出版社，山西人民出版社，2006：5.

② 周玮. 聚焦《文化产业振兴规划》六大“亮点”［EB/OL］. http://news.xinhuanet.com/fortune/2009-09/27/content_12118216.htm.

术与日常生活之间的界限。

后现代社会中英国文化研究学派的大众文化理论备受重视。20 世纪 80 年代以来在英语世界流行起来的文化研究脱胎于英国文学批评中的利维斯主义传统。但文化研究学派摒弃了利维斯主义和法兰克福学派悲观的精英主义立场，他们认为置身于大众文化之中的受众并不是原子状态的铁板一块，也不是被魔弹一击便倒地不起的靶子，而是具有主动性和批判能力的创造性主体。霍尔认为，受众在解读媒介文本时，并不是完全被动接受，而是具有主导—霸权式解读、协商式解读和对抗式解读三种解码方式。其中后两种解读方式显示了受众作为不断抗争的积极主体，能够通过解码参与文本意义的生产。费斯克受德塞图抵制理论的影响，认为大众文化是快感和意义的生产场所，受众通过主动采取游击战术，从大众传媒资源中获取了自己的意义，创建了自己的文化。

随着 20 世纪 90 年代中后期文化研究成为大众文化研究领域的“显学”，受众在传播活动中的能动性日益受到重视。通俗的、消费性的、平民化的大众文化取代精英文化成为文化主流。因为大众文化形式简易浅显，在使更多人轻而易举地进入文化的同时，又使他们摆脱了文化欣赏者的地位，更多地以文化参与者的身份出现，以表现自我、欣赏自我、愉悦自我、完善自我。以网络为代表的媒介敏锐地捕捉到这一变化，更加注重双向互动性，强调受众的参与，实现了由“传者中心论”到“受者中心论”的转变：普通民众成为文化产品的主要消费者，长期由专业生产者和精英群体所把持的媒体话语权越来越多地让渡给了普罗大众，雷蒙德·威廉斯所言“文化是普通平凡的”一语在网络时代被演绎得淋漓尽致。

与此同时，后现代文化也是一种高度视觉化的文化。英国学者伊雷特·罗戈夫认为：“后现代时期，书写文本再也不具有统治地位，图像文本将大举闯入我们的生活，主宰我们的思想，主导我们的生活，并生产意义、欲望和权利关系，规驯我们的身体和精神，建构‘从身体出发’的文化政治和审美意识形态。”[①]美国学者 W. J. T. 米歇尔在《图像的转向》一文中预言：“21 世纪的问题是形象的问题。我们生活在由图像、视觉类像、脸谱、幻觉、拷贝、复制、模仿和幻想所控制的文化中。”[②] 另一位美国学者尼古拉斯·米尔佐夫则在《视

---

① 王小平. 图像“暴政”：身体政治下的景观 [J]. 天府新论，2007 (5).

② W. J. T. 米歇尔. 图像理论 [M]. 陈水国，胡文征，译. 北京：北京大学出版社，2006：2.

觉文化导论》一书中开宗明义，指出“现代生活就发生在荧屏上”，“在这个图像的旋涡里，观看远胜于相信。这决非日常生活的一部分，而正是日常生活本身”[①]。在居伊·德波所勾画的“景象社会”中，文字退位，人们沉溺于视觉盛宴中难以自拔。这也是大众化、平民化、参与性和交互性强、拥有强烈视觉表现力和冲击力的网络微视频发展势头强劲的一个重要原因。

四、媒介与技术条件：Web2.0及媒介融合趋势

网络视频本质上是一种融合媒介，这种融合既是传媒技术的融合，也是信息内容的融合。它基于以上传、分享与创建交互为特点的Web2.0技术，整合了电视、电影、博客、微博、电子杂志、网络电台、网络社区等多种媒体的特性，具有很强的渗透性与兼容性。

国际互联网自1969年诞生以来，经过四十多年的蓬勃发展，不断实现着自身的进化，已经从原始、简单、低级的Web1.0时代迈入先进、复杂、高级的Web2.0时代。从技术角度看，目前关于Web2.0的较为经典的定义是Blogger Don在《Web2.0概念诠释》一文中提出的：Web2.0是以Flickr、Craigslist、Linkedin、Tribes、Ryze、Friendster、Del.icio.us、43Things.com等网站为代表，以Blog、TAG、SNS、RSS、Wiki等社会软件的应用为核心，依据六度分隔、xml、ajax等新理论和技术实现的互联网新一代模式。Web2.0是相对Web1.0（2003年以前的互联网模式）的新的一类互联网应用的统称，是一次从核心内容到外部应用的革命[②]。Web2.0的本质特征是参与、创造、分享、展示、信息互动和个性化。

数字艺术不断发展，视频制作日益便利，大众媒介消费习惯正向移动化、快节奏转变，网络传播正在与社会生活的各个领域相融合，最初以视频分享为主的网络微视频正是在这种媒介技术背景下产生和发展起来的。“这个平台的创建不仅让更多的人能创作自己的内容，就创作内容开展合作；还让他们可以上传文件，以个人方式或作为自发社区的一部分将这些内容传向全球，不用通过任何传统官僚机构或组织。”[③] 于是，一直站在影视传播领域之外的普通人也有

---

① 尼古拉斯·米尔佐夫. 视觉文化导论［M］. 倪伟，译. 南京：江苏人民出版社，2006：1.

② 喻国明. 关注Web2.0：新传播时代的实践图景［J］. 中国人民大学复印报刊资料·新闻与传播，2006（12）.

③ 托马斯·弗里德曼. 世界是平的［M］. 何帆，译. 长沙：湖南科学技术出版社，2006：73.

了使用影像表达自我，反映社会的权利和机会，这正好契合了信息时代受众主动参与信息生产、传播、消费的“Web2.0 理念”。

随着传媒技术的日益精进，网络微视频还在不断进行着演变与革新。近年来，政府大力推行电信网、广电网、互联网“三网融合”政策。2010 年 2 月发布的电子信息产业振兴规划中提出推进“三网融合”。2010 年 5 月，国务院批转国家发改委通知提出，实现广电和电信企业双向进入，推动“三网融合”取得实质性进展。2010 年 6 月，国务院三网融合工作协调小组会议通过了“三网融合”试点方案。国家“三网融合”政策的贯彻和实施，使得网络微视频迎来新的发展机遇：视频传输速率提高、接入渠道更加多样，特别是随着 3G 网络 IP 化、宽带化建设进程的完成，笔记本电脑、手机、平板电脑、PSP、互联网电视等都可直接接入 3G 网络，提供了更多灵活的接入方式和强大的终端能力。另外，3G 网络可提供更丰富的业务内容，用户能够灵活地上传和下载各种数据、语音、多媒体业务。2013 年 12 月，工信部正式向中国移动、中国电信、中国联通颁发 TD-LTE 制式的 4G 牌照，中国移动互联网进入 4G 时代。4G 具有上网速度快、延迟时间短、流量价格更低等特点，能够有效实现移动状态下的高速数据业务。这为网络微视频的发展提供了更广阔的空间。

总之，网络微视频的兴起，是在政治进步、经济增长、文化转向、媒介与技术演进等诸多因素的共同作用下，水到渠成的结果。网络微视频的发展，也始终离不开上述因素的综合影响，是一个不断变化的动态过程。

第二节 网络微视频生产的变迁历程

“历史分期是一种方法，它将事件置于历时性中，历时性是受变革原则支配的。”[①] 在对中国网络微视频生产展开研究之前，将其放入某一时间序列中进行历时性的扫描是十分必要的。通过回顾不同时期网络微视频生产的发展情形，我们可以梳理其发展脉络，探寻其发展特点和规律，描画其发展轨迹。

现在已很难确切考证我国互联网上的第一段微视频出现于何时，内容为何，反响怎样。但可以肯定的是，网络微视频是在网络技术发展到一定程度，能够克服流量限制，让运动的图像呈现于网络之后才出现的，其兴起变迁与网民的参与

---

① 让·弗朗索瓦·利奥塔．非人［M］．罗国祥，译．北京：商务印书馆，2000：26.

和创作热情、与作为微视频主要生产、传播、消费平台的视频网站的发展之间存在密切关系。我们可以将网络微视频生产的变迁历程划分为以下几个阶段：

一、萌芽导入期（2005年及以前）

早在2000年8月，由台湾"春水堂"制作的国内第一部网络电影《175度色盲》问世，片长仅20分钟，且利用压缩技术与Flash软件制作，每段影像档大小只有2MB，比一般只是放在网络上播放的电影更能克服网络频宽的限制。而最早引起中国网民注意的视频短片，是2001年底台湾名媛璩美凤47分钟的性爱录像，这段偷拍的录像不但被制成光盘，还被置于网上广泛传播，一时间社会舆论哗然。可以说，正是这部性爱录像的网络传播开启了中国微视频时代的序幕。

网络微视频这一新的传媒形态的出现让网民兴奋不已。2002年，恶搞视频《大史记》三部曲在网络上迅速流传。这三部时长均在20分钟之内的娱乐短片分别名为《粮食》、《分家在十月》和《大史记》，主要以对电影进行重新剪辑配音的方式制作而成。其中，由时任北京电视台工作人员的卢小宝为北京演艺人协会内部年会制作的《大史记》（2001年11月出品），虽然在三部曲中制作最晚，却于2002年最先在网络上风行，因此习惯上将同样风格的戏仿短片《粮食》（央视《百姓故事》节目组2000年2月出品）、《分家在十月》（央视《实话实说》节目组2001年2月出品）冠名为《大史记2》、《大史记3》。除了这几部由专业人士制作的作品外，其余的微视频基本上都属于草根原创。较有代表性的有：流行于2004年底，戏仿《唐伯虎点秋香》、《无间道》、《我的野蛮女友》、《黑客帝国》、《手机》等影片，对中国联通服务质量进行大胆讽刺的《网络惊魂记之移动大战联通》；2005年，搞怪组合"后舍男生"的一系列假唱作品，如《as long as u love me》等。这些具有中国特色的、反主流的短片借助网络的传播，引发了网民的热烈追捧，并进而成为一种文化现象。

这一时期网络视频的传输技术条件有限，带宽不够，视频观看过程中缓冲时间长，高清视频必须转码为标清甚至更低的清晰度后才能播放，再加上网络视频初创时期许多视频本身制作就比较粗糙，因此画面常常较为模糊。由于缺乏有足够影响力的视频网站，国家的相关管理思路也不清晰，所以网络微视频基本处于个体零星生产和无序发展的状态，真正能够享受到在线视频服务的网民仍属小众。

但是，作为专业传播平台的视频网站已在悄悄酝酿之中。2004年2月

18日,全国首家介绍、普及、推广DV文化的门户网站三杯水DV文化网建立。2004年11月，以影视剧发行为主的长视频网站乐视网成立，这是我国第一家专业视频网站。2005年3月，紧随当年2月成立的美国YouTube网站的脚步，国内第一家定位为以用户上传内容为主的视频分享网站播客网上线。2005年4月，土豆网和56网相继问世。2005年5月，激动网问世。2005年6月，全球第一家集P2P直播点播为一身的网络电视软件PPS（PPStream）上线。2005年成立的视频网站还有悠视网、PPLive（后更名为PPTV）等。上述网站的出现，使网络微视频逐渐开始摆脱通过小众论坛和博客等平台分散传播的局面，网民也有了较为固定的传播平台。

二、高速发展期（2006年—2007年）

2006年被称为中国“网络视频元年”。得益于国内外多种因素的作用，视频网站在2006年成为创业者、投资者青睐的产业领域。这一年新成立的视频网站有六间房（2006年5月15日）、酷6网（2006年7月17日）等，优酷网于2006年6月21日发布公测版网站，之后三期风投总和达到了4000万美元，相当于3亿人民币。已有网站中，播客网于2006年5月获得美国Harbinger风投基金的资金。土豆网在成立8个月后获得来自IDG的80万美元投资，之后又获得850万美元，融资计划接连不断。这一时期网络带宽环境也得到改善，于是在短短一年时间内，全国视频网站数量猛增到200多家。

大势所趋之下，商业门户网站、技术公司也开始投入网络视频领域的发展。2006年，搜狐播客上线，成为门户网络的第一个视频分享平台。新浪网在2006年底推出“播客·视频分享”服务，并于2007年5月17日宣布与中国电信在播客业务上结为全面合作伙伴关系。门户网站与基础电信运营商的全面合作在国内尚属首例，这一事件成为中国网络视频发展史上的里程碑。

随着视频网站的大量出现和行业的兴盛，网络微视频内容更为丰富，表现出以下两个较明显的特点：

（1）UGC内容（Users Generated Contents，用户创造的内容）成为微视频的主要形态（与此相对应，此时盗版影视剧成为网络长视频的主要形态）。这一时期涌现的网站以视频分享类网站为主，视频流量和用户数快速上升，网民对微视频表现出极大的热情，在观看视频的同时，积极参与创作草根作品。其中被称为“网络恶搞鼻祖”的胡戈创作的《一个馒头引发的血案》堪称经典，该短片因对电影《无极》进行了拼贴、重组与嘲讽，险些被原作导演陈凯歌诉诸公堂，成为当时最有影响力的社会文化事件，极大地提高了网络微视频的知名度。2007 年 5 月，潜水多年的老 mopper（猫扑网上的成员）“筷子兄弟”推出了原创音乐电影《男艺妓回忆录》，凭借幽默搞笑的表演加上略带伤感的音乐和三段式的剧情创意，迅速在各大网站转载，点击率一路飙升，一时间好评如潮。冯小刚的《集结号》大热之时，由一群草根的影视爱好者自筹 3 万元制作经费实景拍摄而成的草根版《集结号》也随即在网上热播。

(2) 公民视频新闻开始受到重视，极大地丰富和增强了视频网站的新闻性和原创性，视频网站向网络公共媒体转变的趋势越来越强。为了在激烈竞争中求生存，提高作品质量，一些网站主动出击，参与策划报道，设置网络议程，并积极采取措施鼓励拍客原创作品，“拍客视频”走进大众的视线，并成为主流媒体获取新闻素材的重要来源。家喻户晓的“旭日阳刚”和“西单女孩”就是通过拍客的挖掘，并最终登上了春晚的舞台。2006 年通过微视频传播而产生广泛影响的还有“巴士阿叔”、虐猫事件、抱抱团受热捧等网络热门事件。2007 年 11 月 17 日，新浪播客敏锐地抓住“华南虎照事件”这一新闻热点，策划《独家视频：网友称华南虎照片改自年画》的视频报道，该视频被其他视频网站广泛转载，成为网络报道中的一个重要信息源。优酷网、酷 6 网等纷纷开设“拍客频道”，并出现了诸多原创新闻事件报道的经典案例，如“手机直播沈阳大雪”、“重庆钉子户”事件和“海艺辱师视频”事件等①。

这一时期，尽管网络微视频发展势头迅猛，但视频网站尚处于探索阶段，缺少经验，管理不规范，存在着诸多问题，不惜借低俗内容上位的情况屡见不鲜。新浪网在推出视频分享服务不久，就凭借着网友上传的两段血腥视频“萨达姆被执行绞刑真实录像”和“萨达姆尸体录像”的热播火了一把，成为该服务开通后的首个标志性事件。因率先发布“张钰性交易视频”一炮成名不久，优酷网就获得 1200 万美元的风险投资，不少业内人士纷纷猜测，正是张钰事件带来流量飙升才使得风险投资商对优酷网抱以如此大的兴趣。

三、低迷整顿期（2008 年—2009 年）

网络视频行业高速发展中出现的一些不规范现象和事件，促使政府相关部门在 2007 年底至 2009 年相继发布多项政策和规定，将网络视频行业纳入更规

① 方洁. 视频网站传播现状探析 [J]. 军事记者，2008 (3).

范、更严格的管理范围内。其中最有影响的是广电总局与信息产业部联合发布的《互联网视听节目服务管理规定》(2007年12月29日发布，2008年1月31日起施行)，对网络视听行业的从业资质、服务内容、经营范围等作出了规范。根据这一规定，从事互联网视听服务的机构必须持有《信息网络传播视听节目许可证》(即“视频牌照”)或履行备案手续。取得许可证并非易事，当时国内完全符合要求的视频网站几乎没有，这条规定的出台直接导致猫扑视频等几十家视频网站关门停业，几家大型视频网站均遭到停止服务数天的处罚，网络视频产业无序发展的现象得到遏制。

2008年，受全球金融危机的影响，视频网站被迫节衣缩食进入“冬眠”期，风险投资商对视频行业的投资也十分谨慎，一些中小视频网站失去了资金来源，只能纷纷裁员过冬。

上述情形加速了视频行业的淘汰和整合，一批竞争力不强的小网站被淘汰，优质视频网站在度过了低迷期后，2009年进入调整期迎来新的发展，视频行业经济逐渐复苏回暖。

尽管这次整顿对视频行为的最大贡献是促使视频网站打击盗版行为，加强正版长视频建设，但行业的大“洗牌”所起到的优胜劣汰作用也提升了微视频的整体品质。在这一阶段发生的汶川地震、南方雪灾、北京奥运会、“神七”发射、杭州飙车案、黔西南百年大旱等重大社会事件中，网络微视频表现优良，网民参与度高，媒体价值进一步凸显，已跻身于主流媒体行列。

四、逐步稳定期（2010年至今）

网络视频行业经过多年混战和内部整顿之后，留存下来的视频网站都具备较为雄厚的实力，新入行的网站也都各有来头。从2010年开始，网络视频界掀起了上市风潮和并购风潮，市场格局愈发成熟：2010年6月1日，酷6借壳华友完成了上市；2010年8月12日，乐视网在深圳证券交易所登陆创业板。2010年12月8日，优酷网正式在纽交所挂牌，成为全球首家在美国独立上市的视频网站。2011年8月18日，土豆网登陆纳斯达克。2011年9月，人人公司以8000万美元全资收购56网。2012年8月，优酷网与土豆网合并。2013年5月，百度以3.7亿美元收购PPS视频业务。2013年10月，苏宁出资2.5亿美元收购PPTV44%的股权……行业门槛越来越高，对资金、技术、资源和用户群体有了更高的要求，网站之间恶性、无序竞争的状态大为改善。为扭转长期以来高投入低回报、“叫好不叫座”的“烧钱圈地”状态，各网站都在认真思考长期发展策略并不断进行新的尝试。网络视频业整体上进入相对稳定的理性发展时期。

这种情形使得网络微视频迎来了又一个发展高峰，并在内容形态和技术发展两方面呈现出以下特点：

(1) 高清化成为微视频技术上的主流发展方向。得益于长视频正版化的推动和视频技术的不断发展，高清应用日益普及，流媒体画质不断提升。2009 年初，搜狐高清影视剧频道上线。2010 年 4 月 22 日，搜索引擎巨头百度旗下的奇艺网（后更名为“爱奇艺”）成立，专注于提供免费、正版、高清网络视频服务。老牌的乐视网也定位于“正版、高清影视剧为主的视频门户网站”……模糊不清的影视片段，质量粗糙的网友上传视频，断断续续的播放过程——网络微视频留给网民的这些印象正逐渐远去，如今的高清网络视频已和电视画面没有太大差别。

(2) 以广电系统为代表的国家力量逐渐进入网络视频领域，政治导向意味加强①。代表这一趋势的标志性事件是 2009 年 12 月 28 日中国网络电视台 (CNTV) 的正式上线。随后，新华社（新华网络电视）、凤凰卫视（凤凰视频）及浙江广电（新蓝网）、湖南广电（芒果 TV）、上海文广（上海网络电视 BBTV）、深圳广电（中国时刻网）、安徽卫视（安徽网络电视台）等众多省级广电机构也纷纷开办了自己的网络电视台。至 2013 年 12 月，我国共出现了 13 个网络电视台。这些网络电视台在视频新闻领域极具竞争力，网络微视频领域主流舆论的声音开始增强，从草根主导变为“精英”与“草根”竞合并存的格局。

(3) 网络自制剧和微电影兴起，微视频制作专业化趋势曙光初露。网络自制剧和微电影是由网络媒体自己投资拍摄，专门针对网络平台制作并播放的影视剧。在版权纠纷频发、政策监管加强的条件下，民营视频网站不得不改变思路，在继续发展 UGC 内容的同时，加大对正版内容的重视和投入，视频行业正版之风劲吹，但版权成本也随之提高。为了解决这一难题，自 2010 年下半年开始，结合网络传播和传统影视剧特点、篇幅短小的新兴艺术形式——网络自制剧和微电影开始流行。一些民营视频网站和专业影视制作机构纷纷投入网络影视剧的拍摄和制作，如 2010 年 8 月起优酷网推出的“11 度青春”系列电影，号

① 王辉. CNTV 上线后的中国网络视频行业变局与市场规律探析 [J]. 东南传播，2012 (5).

称中国互联网历史上第一部顶级专业制作的同主题系列电影短片；自2010年10月开始，香港鬼才导演彭浩翔进军内地的"4+1计划"相继推出了《指甲刀人魔》、《假戏真作》、《谎言大作战》、《爱在微博蔓延时》等4部在新浪网播出、被统一命名为《四夜奇谭》的短片；土豆网宣布成立自制剧部，第一部作品《欢迎爱光临》成本高达600万元；酷6网则邀请数十家音乐公司与传统影视公司共同启动"Made in ku6"计划，开启《新生活大爆炸》等自制剧项目。尽管制作上向专业化靠拢，但网络剧和微电影在内容上力求贴近大众的口味和需求：加盟"11度青春"系列的11位新锐导演围绕"80后的青春"这一统一主题，各自创作了一部短片，其中人气最旺的励志短片《老男孩》讲述了两个普通北京小人物的梦想与现实；《四夜奇谭》中的4部短片则分别以悬疑、梦幻、科幻和疯狂的风格，讲述发生在都市里的爱情传奇；《欢迎爱光临》走青春偶像路线，邀得台湾偶像剧"一哥"郑元畅加盟；《新生活大爆炸》翻拍自全美收视率第一的《生活大爆炸》，围绕社会焦点事件和青年人关心的话题展开。

回顾我国网络微视频短短十余年的变迁轨迹，不难发现：来自网民的内容贡献始终是微视频兴起发展的巨大动力。即便在专业力量开始介入微视频生产之时，网民仍然是微视频生产中的一股主要力量，为各大视频网站所重视。视频网站和专业影视业者的微视频生产也始终以"用户需求"为导向。可以说，在影像生产的诸多形态之中，网络微视频是草根气息最为浓厚、大众基础最为深厚的形态之一。目前微视频生产的内容形态越来越丰富、技术水平不断提高、用户体验逐步改善、影响力日益上升，越来越多的网民正充满激情地加入微视频的内容生产者行列之中，数以亿计的网民正在将浏览消费微视频作为生活中不可或缺的一部分，网络微视频产业已成为充满上升潜力的传媒文化产业。

第三章　生产机制：网络环境下影像生产的变革

网络微视频生产机制是指网络微视频生产体系中的结构、功能及各要素之间的相互关系等，即生产体系的构造和运行规律，它直接决定了网络微视频的发展状况。本章将从生产主体、生产模式、生产逻辑、筛选机制、传播趋势等方面入手，考察网络微视频这一存在于网络环境中的影像形态与传统影像形态相比，其生产机制有何特点，对生产机制一系列流程的解读也有助于我们窥探微视频在当下迅速流行的奥秘。

第一节　生产主体的转换与传受互动型生产模式的形成

一、从单向到互动：文化传播理论的范式转移

从西方大众传播理论的形成过程和结果来看，“在传播学领域，一个例子就是人们倾向于把传播说成是一种由‘发送者’试图有意识地去影响‘接收者’的单向过程。这种说法往往否认了大多数传播过程的循环性、协商性和开放性”[①]。以美国为代表的实证研究的传播理论基本上是遵循近代认识论的“主体—客体”范式。1948 年提出的拉斯韦尔“5W 模式”、1949 年香农-韦弗的“数学模式”，强调的是信息传播从主体（信源）到客体对象（信宿）的线性过程。1954 年的奥斯古德-施拉姆模式，虽然有了传受之间的双向互动，但本质上

① 丹尼斯·麦奎尔，斯文·温德尔. 大众传播模式论［M］. 祝建华，武伟，译. 上海：上海译文出版社，1997：4.

是把受者发出的信息作为传播者信息的反馈，是一个正常和完整的交际环节的补充，很难说是体现多极主体间交互作用的主体间的平等交往。其他诸如赖利模式（1959）、马莱茨克模式（1963）等，在基本思维框架上，都没能超越奥斯古德-施拉姆模式。1968年，杰诺维茨提出了一个被广泛引用的大众传播定义：由专业化的机构和技术组成，利用技术设备（平面媒体、广播、电影等）为大量的、异质的、广泛分散的受众来传播象征性内容的活动。在这个以及与之相似的定义中，从发出者而不是接收者反馈、分享、互动的饱满意义来看，"传播"等同于"传递"[①]。

最早期模式想当然地将传播视为一种从信源到信宿的直线型和单向的传递过程，这一点传播学者们已有定论。詹姆斯·凯里指出，传递模式的"主要特征是远距传送符号以便控制"，其隐义包括工具性（instrumentality）、因果关系和单向流动[②]。丹尼斯·麦奎尔在总结早期的大众传播理论和模式时也认为："大众媒介最为显著的特征就是它们是被设计出来向许多人传播的。……'传送者'通常要么就是组织本身或是组织雇用的专业传播者（记者、播报者、制作人、表演者等），要么就是通过赋予或购买接近媒介渠道并代表社会声音的人（广告主、政治人物、传送者、诉讼辩护律师等）。这种传播关系不可避免地是属于单向或者非个人的……比起接收者来，传送者通常具有更大的权力、威望或者专门知识。而这种关系不仅是不对称的，通常也受到有意的操纵。"[③]

在欧洲大众文化批判学派的研究中，无论是传统法兰克福学派代表人物霍克海默和阿多诺的群众文化理论对影视观众只是纯粹被动的文化消费者，注定无法自己解放自己的判断，还是法国《电影手册》关于"作家电影"的精英理论，作为被动的符号消费者的大众，最终只是拥有消费选择的自由，他们只能通过自己颠覆性的读解来生产自己的意义和快感，在意识形态国家机器的操纵下、在市场逻辑的支配下，他们几乎只能听任摆布，而其最终被支配、被主宰

---

① 丹尼斯·麦奎尔．麦奎尔大众传播理论［M］．崔保国，李琨，译．5版．北京：清华大学出版社，2010：45-46.

② 丹尼斯·麦奎尔，斯文·温德尔．大众传播模式论［M］．祝建华，武伟，译．上海：上海译文出版社，2008：49-50.

③ 丹尼斯·麦奎尔．麦奎尔大众传播理论［M］．崔保国，李琨，译．5版．北京：清华大学出版社，2010：45.

的从属地位似乎是先天的命定。法兰克福学派和后现代哲学家出于意识形态批判的立场，把批判指向定位于资本主义文化生产对大众意识的控制方面，大众被看成被动的客体，忽略了大众对文化的积极反应。

随着文化的视觉化转向，一些学者开始关注视觉文化的生产和传播。1967年，法国哲学家居伊·德波提出了“景象社会”理论。他认为：①世界转化为形象，就是把人的主动的创造性活动转化为被动的消费行为；②在景象社会中，视觉具有优先性和至上性，它压倒了其他感官，现代人完全成了观赏者；③景象避开了人的活动而转向景象的观看，从根本上说，景象就是独裁和暴力，它不允许对话；④景象的表征是自律的和自足的，它不断扩大自身，复制自身。在德波看来，在景象的社会中，人们的消费活动完全是被动的、强迫性的，不是人去创造性地改变环境，而是使人被动地接受作为景象之商品的支配[①]。让·鲍德里亚进一步提出，由符号所营构的消费社会中充满了仿像，仿像完全是一种虚拟性的超现实，它构造了一个完全人工化的符号世界，这个世界不断地对公众施加影响，使人们深陷于消费的文化中而失去了自我意识。

在上述媒介文化研究学者的观念中，存在一种普遍的悲观倾向，即大众是被动无力的，是被操纵、被控制的对象。当然，无论文化还是传播理论“都或多或少地与特定的媒介、受众、时期、条件和理论家相关联……可以被个性化，它是不断进化的，动态的”[②]。随着时间的流逝，理论范式在悄悄地发生转变。

1959年卡茨建议，我们应该更加注意“受众通过媒体做什么”，而不是“媒体对受众做了什么”，显示了受众观的转向。詹姆斯·凯里于1975年提出“仪式性传播”观，即“传播包含了分享、参与、社团、伙伴、共同信念等意思”，“并不是发布信息，而是再现共享的理念”。仪式或表述传播取决于共享的理解和情感。它是欢庆、习俗、装饰，而不是有意图的工具。它通常需要带有某种“表演”的元素，以使传播得以完成。这一传播观首次对“传递”或“输送”模式提出了激烈的挑战。此后的1974年由卡茨正式阐明的“使用与满足”系列研究、1980年斯图亚特·霍尔提出的“编码—译码”理论、1987年费斯克

---

① 参见周宪. 视觉文化的转向［M］. 北京：北京大学出版社，2008：122-123.

② 斯坦利·巴兰，丹尼斯·戴维斯. 大众传播理论：基础、争鸣与未来［M］. 曹书乐，译. 北京：清华大学出版社，2004：35.

的“媒体话语模式”[①]，对于人类传播的互动、反馈、解释性等性质，乃至社会环境的重要性，均有了较为充分的认识。

20世纪90年代后，随着新文化主义研究的崛起，文化批判理论也开始关注大众文化生产中隐含的能动力量。作为新文化主义研究代表人物的费斯克开始重新关注人在后工业社会中的主体能动作用，提出了“生产性受众观”。费斯克认为，受众能够根据自己的社会经验重新解读文本，“在已有的文化知识与文本之间建立联系”[②]。通过主动采取游击战术，受众从大众传媒资源中获取意义，创建自己的文化，从而有效避免了意识形态的俘虏。

二、微视频影像生产主体和生产模式的嬗变

（一）影像生产主体的转换

文化传播理论从单向到互动的范式转移清楚地表明，大众并不是文化传播的被动接受者，而是主动的生产者；他们并不是被锁定的静态的受众，而是一种更为自由的主体力量；他们不仅能够在消费中生产出自己的意义和快感，同样能够介入符号的生产领域，进入符号的编码过程中，成为文化传播积极的参与者、构建者、传播者。

这一切进步与新媒体和新技术的出现密不可分。“新传播技术和新媒介正在改变大众传播原先作为大范围、单向、中央-边缘传输或发布的方式。”[③] 随着数字技术的发展和传媒生产机器的大众化，托夫勒也发现，“消费者越来越卷入生产的过程中去了”[④]。互联网这一新媒体平台的出现，极大地推动了大众对微视频影像生产的参与，促进了新的影像生产主体的生成。具体表现为：

(1) 网络交互性促发网民创作热情，UGC视频大量涌现。传统影视内容的生产是一种专业化程度很高的生产，尽管民间影像生产者有着强烈的自我表达

---

① 费斯克认为，媒体文本是其读者的作品。所以，它只有在被阅读的时刻才成为了文本。就是说，当它与某一受众互动时，它才激活了它能诱发的一部分含义或欢愉。他进一步介绍了作为研究文本生产过程的一个核心概念：“话语”，即“一种被社会化发展出来的语言或再现系统，以赋予和传播一整套有关某一重要话题的含义”。

② 约翰·费斯克. 解读大众文化［M］. 南京：南京大学出版社，2001：204.

③ 丹尼斯·麦奎尔. 大众传播理论［M］. 崔保国，李琨，译. 20世纪传播学经典文本. 上海：复旦大学出版社，2003：464.

④ 阿尔温·托夫勒. 第三次浪潮［M］. 朱志众，潘琪，张众，译. 上海：生活·读书·新知三联书店，1981：368.

意愿，但这种交流与传播的迫切渴望在传统媒体时代却因受到精英主导的影视生产体系的压抑而长期处于失语状态。在传受一体的互动式网络传播环境下，网络话语权下移，大众参与的可能性转化为现实性，微视频生产成为精英与大众的共同事业。各种摄影工具的普及、视频制作技术门槛的降低，为大众参与网络微视频生产进一步提供了便利。掌握了影像生产工具的大众，对微视频这种本质上是草根化的影像书写方式表现出比精英更大的热情，与传统影视产业相比，微视频的影像生产主体实现了从精英到大众的蜕变。

（2）网络虚拟性激励网民表达欲，生产内容平民化。在一个个ID后，网络出版者可以毫无拘束地抒写自己的真性情，淋漓尽致地表现自我。

（3）网络多媒体性丰富表现形式，生产手段多样化。网络多媒体文字、声音、图像兼备，这些要素的变形及巧妙组合在微视频领域催生出真人扮演、影视剪辑、动漫、MV、静态图文讲解等不同表现方式，photoshop、premiere等主要用于多媒体平台的技术软件为微视频生产提供了更多的可能性。

（二）传受互动型影像生产模式的生成

诞生于网络时代的微视频影像生产的平民化，使得视觉文化时代影像传播的单向、线性特点悄然发生了变化。互联网上的大众正在改变一对多、中心对边缘的生产传播模式，实现受众与生产者角色的互换，大众不再失落为没有思想、一味沉浸在感官享乐欲望中的“原子式的存在”，成为清醒的影像写作者，在传播中的主体性大大增强了。

在大众（包括一些民间制作团队）由受众转变为微视频影像生产传播主体的同时，他们也在关注并积极利用网络这一平台，在影像生产中加入更多的互动元素，一种新的传受双向互动型影像生产模式已经形成。

微视频用户的评论、推、顶、转发等网络互动行为能及时给予生产者反馈意见，使作品更加适应大众的需求。正如新锐导演程亮所说：“网络视频或者说网络电影给了我们一个很好的创作空间，就是自由，网络上的观众给片子的点评和创作可以直接影响到我们下一部片子的选择，作为一个创作者和导演来说，那是很幸福的。”因此，一些网络微视频拍摄前就充分重视网民意见，通过微博、电邮等征集剧本创意、故事提纲，或在播放期间开辟网民投票区、通过视频网站中的“看吧”等互动社区搜集网民评论意见，不断修正情节发展。网络时尚剧《Y. E. A. H》的剧集周一至周五播出，周末进行网民投票，决定下周剧情走向和主人公命运。摄制组将会拍摄多种剧情，网民票数胜出的选项将成为剧情正式版。借助网络这一高效的信息反馈系统，通过当前流行的Web2.0方式，微视频生产者可以轻易地将网民塑造成为与作者一起操控剧情的另一只手。

网民参与互动的代表为网络互动剧/互动微电影，即以交互式网络视频的方式，由用户在关键情节点处通过点击视频播放器内的选项按钮，来“选择”情节的走向，选择不同的分支，则会进入不同的叙事段落，并遭遇不同的结局，其过程类似玩一款网络游戏。网民“吉普指南者”为其制作的互动微电影《爱情可以不程式》开辟了专门的宣传网站，其中开设了“不程式大导演活动”，网友可以按照操作改变这爱情短片中的文字，“导演”出属于自己的故事。2008年圣诞前夕由香港林氏兄弟制作的真人视频《电车男追女记》是国内最早出现在视频网站的互动剧，在YouTube上吸引了大量网友点播参与。2009年底，他们制作的第二部互动剧《宅男最后的120小时》，更是引爆海外华语地区。在上述作品中，观看视频的网友也成为影视剧的“制作者”。

给予网民视频改编权可以提升用户参与体验，并激发网民兴趣。2011年搜狐网打造“7电影移星唤导”计划，由7位几乎没有导演经验的演员分别担任7部微电影的导演，这一计划特意举办了“二手电影”线上活动，导演精选出影片素材，供网友下载后进行自由创作、“二手加工”，制作出各种充满奇思妙想的DIY作品，从而突破了将微电影视为封闭式文本，简单拍摄、播放的1.0模式，将在线视频带入互动2.0时代。

第二节　生产逻辑：文化、技术、商业的多重协奏

当下，伴随着大众媒介传播技术的迅速发展，文化的制造已经进入一个新的阶段，文化开始成为一个规模越来越庞大的产业。时至今日，几乎所有的文化形式都开始广泛地、深度地与现代传媒技术相结合，与市场经济活动相结合。文化的技术化、商品化、市场化、产业化成为不可逆转的潮流，起于民间的网络微视频也未能例外地被裹挟其中。作为新兴网络文化产业所生产出来的产品，在其生产过程中，存在着三种潜在的结构性力量的作用，即文化、技术与商业，它们彼此之间密切勾连。所有的微视频作品，在生产时都不得不依赖技术的力量，无法逃离市场的约束，也难以对文化产品的艺术追求视而不见。只是不同的微视频之所以会展现出不同的品格和风貌，获得不同的口碑和利益，正是源

于对不同生产逻辑的倚重。

一、基于多元审美需求的文化逻辑

自由开放的互联网极大地促进了文化的多元化，海量视频出版物共同构建出一个众声喧哗的网络视觉文化场域。在这里，具有不同价值取向与审美格调的文化力量都在努力地生长着。

（一）大众文化的草根诉求

在《晚期资本主义的文化逻辑》一书中，詹姆逊提出大众文化是从现代主义的语言中心转向后现代主义的视觉中心的文化样式，大众文化的发展是实现人类自身全面发展的必备条件之一。网络文化领域，正是大众文化发展、传播的前沿阵地。

有学者认为，网民参与网络视频生产的动因有三：首先是个人的价值表达。通过大量改编传统影视作品，或者上传原创作品，向他人表达自己的价值立场，从而获得身份认同。其次是建立社群关系。以视频节目为纽带，延伸自己在网络社会中的社群关系，“人们参与的动机在于对某一群体归属感的获得，通过作出贡献而建立自尊并获得承认，在于为创建自我形象以及自我实现而学习新技能、寻找新机会”。最后是参与利润分配，与提供平台的内容集成商一起分享广告收入①。

在网络上，大众参与、诉说、表达的热情高涨，由此催生了大量草根原创微视频。这些微视频来自民间，选材贴近性强，主题和表现风格各不相同，或由影视文本拼贴而成，或采用动漫手法，或由创作者亲自出镜，或由身边的人本色出演，虽然制作手法不够专业和精致，也没有大场面的震撼，却往往能够采用网民喜闻乐见的形式，来表现大众化的内容，充满了浓郁的草根气息，散发着未受商业污染和体制规训的原汁原味的日常生活的泥土芬芳，异常鲜活地勾勒出一幅精彩纷呈的大众文化图景。

在微视频领域，还活跃着一群独立创作者（其中有很大一部分是大学生群体）。他们喜欢思考，并掌握一定视频技术，创作出的微视频有较高的思想内涵、艺术价值和技术品质，以“微电影时代的开启人”肖央自编自导自演的《老男孩》、《父亲》、《赢家》等网络电影最具代表性。这类具有一定思想性和艺

---

① 唐建英. 博弈与平衡：网络音视频服务的规制研究［M］. 北京：中国广播电视出版社，2011：71-72.

术性的朴素的微视频作品，打动和感染了众多网友，也成为微视频不断向前发展的动力。对此，著名青年导演张扬评论道："网络上人人都可以成为一个制作者和拍摄者，最重要的是一个人对生活的认识、看法，然后就是属于自己原创的东西，而这正是应该鼓励的。"

（二）精英文化的视觉书写

在大众文化占据网络文化主导地位的情况下，精神世界的塔式的恢弘精致的结构解体，在网络中碎裂成五光十色的精神风景片段，成为新新人类的随意挥洒点染拼贴恶搞的精神资源①。"阳春白雪"的精英文化褪去了昔日神圣的外衣，以网络视觉书写的形式力求扩大传播范围。

精英文化中的重要部分——传统文化在网络上"不再整体性延续，而被后现代主义打散结构成为弥漫的要素"②，具有影响力的专业性的传统文化视频网站实属凤毛麟角。但在网络信息的海洋中，不管是爱好戏曲、相声、评书，还是爱好古典乐器、武术的网民，都不难搜索到适合自己口味的微视频。以戏曲为例，在各剧团和戏曲爱好者所创办的各类网站上，大多放置了一些表演视频。如上海昆剧团的网站上，开辟出了上海昆剧团剧目专栏"园林好"、昆曲鉴赏栏目"醉花阴"等，里面有《牡丹亭》、《紫钗记》、《龙凤衫》、《昭君出塞》等传统剧目选段。中华京剧网的"名家名段"栏目中，汇集了《定军山》、《空城计》、《野猪林》等剧目选段，其"教学视频"和"京剧伴奏"栏目中，也有一些视频片段。在京剧名家张克的张克京剧艺术网中，网友也可以欣赏到他的《楚宫恨》等剧目。

至于文艺纪录片、歌舞剧等精英文化形式，虽然很难流传开来，但在网民中也有一批忠实的拥趸，"纪录片"频道已成为各视频网站的标准配置。还有一类高端微视频——"慕课"（MOOCs）视频③也值得关注。慕课是 2008 年开始

---

① 杨岚. 中国当代精神文化体系走向现代化的 12 指征［C］//第五期. 中国现代化研究论坛论文集. 北京：中国科学院现代化研究中心. 2007：340.

② 杨岚. 中国当代精神文化体系走向现代化的 12 指征［C］//第五期. 中国现代化研究论坛论文集. 北京：中国科学院现代化研究中心. 2007：340.

③ "慕课"（MOOCs）是大规模在线开放课程的英语简称，是在线教育的高级形式，顾名思义，"M"代表 Massive（大规模），与传统课程只有几十个或几百个学生不同，一门课程动辄上万人，多则十几万人；第二个字母"O"代表 Open（开放），以兴趣为导向，凡是想学习的，都可以进来学，不分国籍，只需一个邮箱，就可注册参与；第三个字母"O"代表 Online（在线），学习在网上完成，无需旅行，不受时空限制。

涌现的一种在线课程开发模式，被誉为“印刷术发明以来教育最大的革新”。2011年秋，慕课的发展开始呈现井喷之势，以至于2012年被《纽约时报》称为“慕课元年”。随着国外一流在线教育平台大规模进入中国，国内的相关资源共享平台也逐步建立和完善起来。在国内著名的慕课平台“爱课程”网上，可以看到目前国家正在大力推行的“中国大学视频公开课”系列。“中国大学视频公开课”是教育部“十二五”期间“本科教学工程”的重要组成部分，由科学、文化素质教育网络视频课程与学术讲座组成，以高校学生为主要服务对象，同时面向社会公众免费开放。主讲教师既有两院院士，也有国家级教学名师。2011年11月9日，由北大、清华等18所知名大学建设的首批20门公开课免费向社会公众开放。

（三）官方主流文化的网络延伸

主流文化是主流意识形态的重要组成部分，是在一定时期一定社会中占主导地位或起支配作用的文化。但是，具有大众化、平民化特征的网络文化有着明显的“去主流化”特征，即在文化道路方面与本民族优秀文化传统相背离，在文化价值方面与社会倡导的核心价值观相背离[①]。在这种情形下，建设网络主流文化就成为当前文化建设中的一项紧迫任务。无论成效是否明显，官方一直在努力争取占领网络这一广阔的文化阵地，以实现对文化的引导功能。

中国政府网、人民网、新华网、央视网等中央主流媒体网站和东方网、浙江在线、红网、荆楚网、南方网等地方主流媒体网站上的视频新闻，既有网络媒体的“原生”新闻，也有许多来自电视媒体，强调的是国家形象的品牌塑造和中华文化的发扬光大，是官方主流文化试图借助网络视觉文化兴盛的东风将影响力从网下向网上延伸的突出表现。

2006年的《士兵突击》、2009年的《潜伏》和《爱情公寓》、2013年的《龙门镖局》等电视剧虽然没有大规模地宣传，却在网络上一片叫好，继而走俏荧屏。受此鼓励，许多主旋律影视剧也加强了网络宣传，事先在网络上播出片花、宣传片、导演和演员访谈等微视频，借助网友口碑进行预热。在M1905电影网上，就有大量的预告片、影讯等视频，由于母体是央视电影频道，对主旋律影片的推介力度远远大于商业网站。

---

① 巢传宣，许金华，熊红燕. 网络主流文化建设的困境及对策 [J]. 南昌工程学院学报，2009 (5).

作为一种包容性极强的文化，网络文化联系着革新过的主流、新锐精英与青年大众，这是主流文化中最具思想内涵、最接地气的部分，是精英文化中普泛性、现实性最强的部分，也是大众文化中现代性、先锋性最强的部分，这就使得一方面，网络文化领域成为一个暗潮汹涌的权力斗争场域，在大众草根文化、精英高雅文化和官方主流文化三者之中，大众草根文化占据了主导地位；另一方面，各种文化形态中的精品都能以其较高的品质满足人们的艺术审美需求，从而为自己争取到良好的生长空间。

二、基于媒介发展演进的技术逻辑

纵观人类社会传播的历史，媒介形态的每一步变迁，都意味着人类利用技术手段对所处时空的控制力和支配力的进一步增强。追溯影像传播的历史，从最初的绘画到摄影、电影、电视，再到今天以互联网为主体、多媒体为辅助的网络微视频，人们始终在追求传播信息、表达自我的更为完美的形式以及更为自由的时间和空间。当我们仔细审视当前全球文化产业发展历程的时候，会发现文化产业并不是仅仅由“文化力”和“经济力”驱动，文化产业的前进脚步恰好与20世纪90年代以来的信息技术迅猛发展和信息社会建构的进行曲形成了美妙的共鸣和变奏[①]。网络微视频生产中，互联网和网络视频技术的发展演进所提供的技术条件和技术支持，成为生产得以延续的必要条件，这鲜明地体现了技术逻辑的作用。

（一）飞速发展的互联网为网络微视频生产提供人员和技术前提

自1994年接入国际互联网以来，中国互联网发展十分迅猛。早在2008年6月底，我国的网民就已超过美国，跃居世界第一位[②]。2014年7月发布的《第34次中国互联网络发展状况统计报告》显示，截至2014年6月底，我国网民规模达6.32亿，互联网普及率为46.9%，手机网民5.27亿，网民中使用手机上网的人群占比提升至83.4%，手机上网比例已经超过了传统PC上网比例。居民电脑和上网操作技能的不断提高，便携式移动终端价格的“亲民化”，使网络微视频接触人群大大增加。目前中国网络视频用户达到4.39亿，在网民中使用

---

① 熊澄宇，张铮．高新科技与文化产业——基于新媒体技术视角的考量［M］．中国文化产业评论（第8卷），上海：上海人民出版社，2008：177.

② 中国互联网络信息中心．第22次中国互联网络发展状况统计报告［R］．北京：中国互联网络信息中心，2008.

率达到69.4%，网络视频已成为继即时通信、搜索引擎、网络新闻、网络音乐、博客/个人空间之后的第6大网络应用①。

在迅速普及的同时，互联网也在不断升级换代，网络流量和使用质量稳步提升。网络带宽是衡量网络使用情况、网络信息运送能力的一个重要指标，一个国家的宽带水平代表着信息社会的发展程度。从世界范围看，美国等发达国家的宽带网技术起步早、发展成熟，2000年，已经在网络流速和运营成本之间取得一个较好的平衡点。日本在2001年—2003年，韩国在2003年，英国在2004年，德国在2004年分别取得宽带网络的飞速发展。我国宽带网的推广始于2004年。至2011年12月底，家庭电脑上网宽带网民规模达到3.92亿，占家庭电脑上网网民的比例为98.9%②。

总之，庞大的网民和网络视频用户规模为网络微视频提供了大量的潜在生产者。网络基础设施建设是网络微视频生产的技术前提，网络微视频的发展离不开网络传输质量的进一步提高。

（二）不断演进的网络视频技术为微视频生产提供技术支持

在海德格尔所言“世界被把握为图像”的视觉文化时代，网络媒介正日益成为视像生产的主力。网络微视频生产以现代传媒技术为基础，随传媒技术的发展演进而朝向更快、更强、更好的方向发展。

1. 简易的制作编码技术

在上传到视频网站成为网络视频之前，用户必须编辑制作出一个能够上传到网络视频服务器的数字视频文件。普通用户制作数字视频的器材条件和技术水平千差万别，制作出的视听节目的质量和文件格式也差距巨大，甚至有用户直接用手机拍摄视频不经剪辑就上传到视频网站上来。这些属性不一的视频要想在带宽差别巨大、发布平台形态多样的互联网上传播，一套标准且简易的视频压缩编码程序就显得非常关键。

目前，国际上视频编解码标准主要分为两大系列：①国际电信联盟(ITUT) 制定的H.26x系列运动图像编码标准，以H.264为代表；②国际标准

---

① 中国互联网络信息中心. 第34次中国互联网络发展状况统计报告［R］. 北京：中国互联网络信息中心，2014.

② 中国互联网络信息中心. 第29次中国互联网络发展状况统计报告［R］. 北京：中国互联网络信息中心，2012. 后面几次的CNNIC报告中并未提及宽带网民规模。

化组织（ISO/IEC）制定的 MPEG 系列运动图像编码标准，以 MPEG-4 为代表。1988 年，ISO/IEC 的活动图像编码专家组 MPEG 成立，目的在于制定“活动图像和音频编码”标准。1993 年，MPEG 推出其第一个国际标准 MPEG-1（用于 VCD 和 MP3 格式的压缩编码）；1994 年，MPEG-2 标准出台（DVD 的编码标准），带动了广播级的数字电视的发展。到 1999 年，MPEG-4 标准的第一版出台，由于它提供了低码率、高质量的音视频压缩、编码方案，推动了网络视频的进一步发展，而后续 MPEG 小组与 ITU-T 合作推出的 MPEG/AVC/H.264 标准相比之前的编码、压缩标准更可以减省 50%的码率，能在更窄的带宽条件下实现高质量的流媒体播放效果，这使其风靡全球。

除了网络运营商和专业视听节目制作机构之外，普通网民作为微视频生产者既没有专业的设备和充裕的制作经费，基本上也没有接受过系统的影像创作教育，因此，他们创作的视频节目很难保证一致且专业的水平。这就要求在网民上传视频节目的过程中，视频网站完成一个节目整合的过程，一方面是通过审看和修改，使视频节目能够达到网站的内容要求，另一方面是通过编码压缩使视频文件能够达到视频服务器识别和存储的要求。

不管是用手机还是用数字 DV 拍摄视频，在视频节目的采集制作过程中已经按照其选择的文件格式进行了初步的编码压缩，这种通过预处理的视频文件只有与目标网络的编码标准相匹配，才能被网站的视频服务器识别并接受。利用这种简单易用的编码压缩技术，普通网民可以较为容易地编辑制作出自己的数字视频节目，然后按照特定的编码标准把视频节目压缩成能够为视频网站识别和接收的视频压缩文件格式（如 AVI、MPEG 等），最后通过网络终端上传到视频网站的视频服务器里①。

2. 便捷的上传—发布技术

从广义上来说，网络微视频的生产还应包括作品制作出来以后的上传—发布环节。传统出版物需要经过组稿、撰稿、编辑、审核等一系列环节才能发布，电子出版的发布时间大大缩短，但编辑、排版、美化等过程无法省略，内容生产和发布之间仍有一定的时间间隔。而微视频的发布机制不同于传统出版和电子出版，具有开放、灵活、及时、迅速的特点，生产发布趋于同步化、“零时

① 邓秀军，刘静. 基于流媒体技术的网络视频用户自制传播模式分析［J］. 现代传播，2011（10）.

差”。这种便捷化的上传—发布机制是多种因素共同作用的结果，比如生产者多为个人，不依赖于传统的出版商，无需历经繁琐的中间环节和漫长的等待，内容一旦制作出来便可以迅速灵活地进行发布；比如生产内容是“微内容”，摒弃了“十年磨一剑”、反复批阅增删的传统出版方式，转而青睐即兴创作并即时上传的方式等。就技术的角度而言，微视频上传—发布的便捷化还与以下因素密切相关：

(1) 从发布的软硬件条件来看，微视频的发布媒介是无形和去中介化的计算机网络，处于云计算的云端，无象无形，无法触摸，而且超大容量，从理论上说其发布的介质容量是无限的；其发布工具不仅包括传统的台式电脑，还包括笔记本电脑、手机、平板电脑等便捷化移动设备；其发布渠道多样化，网页、客户端、手机短信、手机上网、即时通信工具、电子邮件插件等都可以非常方便地进行发布。

(2) 就发布编辑的技术而言，微视频生产者不再需要耗时费力的文稿录入，在视频网站中开始推行的多功能在线编辑方式更是进一步提高了发布效率。以往拍客、播客在上传灵感之作前，必须借助其他软件，分别剪辑画面、编辑音乐、插入字幕动画等，发布过程较为繁琐。如今视频网站提供的在线编辑方式可以整合各项编辑功能，一键替换视频音乐，自由添加多种风格注释，自制电影效果字幕，剪切或合并不同视频，并支持各种渐变、音频混合、装饰、转变等效果，无论是简单的动画还是复杂的 MV、小电影，均能在一个界面内轻松搞定①。

(3) 从发布方式和转码技术来看，视频文件的发布包括两种方式：FTP 方式和 Web 方式。FTP 方式适合大量视频的上传，具有上传速度快的特点，是视频网站从后台进行的文件上传方式；Web 方式适合单个视频文件的上传发布，具有方便简单的特点，用户自制的网络视频主要采取这一上传方式。随着经济的发展和科技的进步，数字视频的采集制作设备质量越来越好，成本越来越低，因此人们可以更加方便快捷地使用各种影像制作设备创作数字视频节目，并通过各种网络终端上传到视频网站上。一般情况下，普通用户制作的视频文件都会占据很大的存储空间，不方便在视频服务器上存储，最为关键的是不适合在通信网

---

① 佚名. 视频 2.0 战略 酷 6 国内首创“在线编辑”[DB/OL]. http://game.people.com.cn/GB/48604/48622/15619411.html.

络上传输。为了能够更方便快捷且高质量地传播网络视频，必须通过视频文件的转码实现各种网络编码格式之间的动态实时转换。目前常用的视频流文件格式有RealMedia（Real-Networks）、QuickTime（Apple）、ASF（Microsoft）等。不同流文件的传输需要不同的流媒体文件传输系统和编解码方式。一般同一个视频网站会将自己视频节目转码为几种不同的流文件格式（跟多个流媒体系统提供商签订合作协议），以便为尽可能多的不同网络用户提供视频传输及播放服务。在便捷的上传转码技术的支撑下，网络用户无需对技术考虑太多，只要将精力专注于视频内容即可[①]。

三、基于市场的商业逻辑

后现代学者詹姆逊指出："由于广告，由于形象文化、无意识以及美学领域完全渗透了资本和资本的逻辑，商品化的形式在文化、艺术、无意识等等领域是无处不在的。"[②] 当网络微视频逐渐走向产业化时，商业力量也如影随形，无孔不入地渗入生产过程之中。基于市场的商业逻辑主要从网络运营商、广告主等方面共同支配着网络微视频的生产。

（一）确立评价体系：网络运营商对创作模式的塑造

为达到吸引点击率来实现盈利的终极追求，商业力量确立了一套从网民这一消费终端入手，主要通过视频网站来实施的内容评价体系，并通过这一体系潜移默化地型塑着网络微视频的创作模式。

第一，设置各类榜单直接展示网民偏好。

在各类视频网站上，这类榜单分类非常细致，有以时间为依据的"每日排行"、"每周排行"、"每月排行"，有根据内容进行分类的"资讯排行"、"综艺排行"、"动漫排行"等，还有"上升最快视频"、"最多评论"、"最多推荐"等排行榜，这些榜单为视频创作者提供了快速了解网民口味的捷径。

第二，通过内容编排含蓄表明网站态度。

微视频位于不同网页或同一网页的不同区域，在内容编排的强势上有着显著不同，网站将这种区别通过奖金的方式来提示视频提供者。《新浪拍客联盟视

---

① 邓秀军，刘静. 基于流媒体技术的网络视频用户自制传播模式分析［J］. 现代传播，2011（10）.

② 杰姆逊. 后现代主义与文化理论［M］. 唐小兵，译. 北京：北京大学出版社，1997：162. 为与前后文译名一致，文中统一使用"詹姆逊"的译法。

频奖励规则》规定，“每日常规推荐奖金”分为七等，奖金从50元到1500元不等，评判标准为推荐位置（等级高低分别为视频频道、播客频道头条、新浪首页、新闻中心首页、正文页右侧、播客首页、博客首页、拍客二级页）；点击量与评论数（包括顶踩数对比）；网络影响力（包括作品引起的社会关注程度，传统媒体转载程度等有影响力的表现）三方面的综合评定[①]。《优酷拍客赏金奖励制度》也对网友上传的视频根据“首页专辑”、“频道/专题栏目”、“频道/专题要闻”、“频道/专题头条”、“首页会员推荐”、“首页热点”、“网站头条”等不同采用位置分别给予50元～1000元不等的奖金，并设300元～1000元的叠加奖励“编辑特别奖”来鼓励优秀拍客多拍好作品[②]。这样，网站将在聚合网民意见基础上所形成的、服从于市场意志的内容筛选标准和价值观加之于内容生产者，完成了对其的收编。

第三，开展视频大赛发掘培育创作群体。

早期视频网站多以UGC模式起家，目前草根原创微视频仍然受到重视。各种微视频大赛将处于分散无序状态的拍摄状态，不断纳入产业化生产、传播和消费流程之中，新人新作品被源源推送至网民面前，成为视频网站保持活力、吸引眼球的重要手段。

（二）打造广告视频：广告主对内容生产的直接介入

商业逻辑对网络微视频产业的渗透，最突出之处乃在于广告对微视频内容生产的介入。除了在视频内容中采用“前贴片广告”、“中插片广告”等“游离”的“干扰式营销”方式之外，较隐蔽的手段是通过打造广告视频来实现广告与微视频内容的深度融合。

第一，借助种子视频开展病毒式营销（viral marketing）。

病毒式营销的传播途径是提供某些有价值的话题或产品，刺激并带动消费者兴趣，促使消费者在自己的社会关系网中通过口碑和自发的传播渠道传播品牌或产品信息。在传统广告的费用结构中，媒介使用费高达60%～80%，以微视频作为广告载体，可大大节约媒介使用费和推广成本。广为流传的病毒视频，

---

① 新浪拍客联盟视频奖励规则［DB/OL］. http://v. sina. com. cn/v/2/2010/0126/76278. html.

② 优酷拍客守则及奖励制度［DB/OL］. http://kanba. youku. com/bar_barPost/barid_D2RQMA5h_subjectid_19283.

往往极具创意和幽默感，经网民一传十、十传百的“病毒式推广”，在网络上迅速蔓延。百度2005年的“唐伯虎”系列短片，一个月内传播人群超过2000万人次，以10万元的投入达到了近亿元的传播效果，成为中国最早成功的网络病毒式视频营销案例。2010年，优酷创意团队为新更换LOGO的李宁量身定做《夜光羽毛球》、《橙子网球》等系列种子视频，诠释李宁品牌“make the change”的全新口号。2013年低成本电影《人在囧途》，也是凭借一个“盒饭大叔”的病毒视频实现票房的四两拨千斤。

第二，在定制剧/微电影中进行品牌深度植入。

广告主与视频网站等内容生产者合作拍摄网络短剧，题材、剧情、人物、场景、道具、台词甚至音效都由广告主精心择定，在剧中将品牌元素、理念、产品植入，通过与剧情和人物的结合，使消费者对品牌和产品产生联想与记忆，甚至可以将品牌理念作为故事主题进行传播①。土豆网自制剧《欢迎爱光临》中，女主角的工作地点设在便利超市，百威啤酒不时出现，原因在于百威几乎把该产品2010年的网络广告投放都给了这部剧。酷6网的自制剧《我爱我家2.0》则是为我爱我家房产公司制作的。

网络微电影制作灵活快捷，较传统电影更容易赶上广告客户新品的宣传期，且方便控制场景、内容、情节，进行广告植入。视频网站如饥似渴的内容需求，遭遇广告主们越来越猛的“砸钱”动力，两者一拍即合，一批为宣传特定品牌而打造的短片应运而生：《一触即发》、《66号公路》（凯迪拉克轿车），《看球记》（佳能相机），《春节，回家！》（金六福酒），《11度青春》系列、《父亲》（雪佛兰轿车），《4夜奇谭》系列（三星手机），《不跟随》（诺基亚手机），《笑女孩与傻男孩》（HTC手机），《语路》（尊尼获加威士忌），《心灵之境》（芝华士威士忌）等经典作品都是为广告主量身定做的。

第三，吸纳拍客力量参与UGA视频制作。

UGA（Users Generated Advertising），即用户生产广告内容，主要借助视频网站这一平台建立起广告主与用户之间的联系，通过用户制作带有广告主产品的视频进行传播，以达到宣传目的，实现用户、广告主、视频网站三方的共赢。目前各大网站已培养了一支较为稳定的拍客队伍，组织拍客系统参与UGA视频制作的方式主要有两类：一是为知名企业举办UGA视频大赛，酷6网正式

---

① 赖黎捷，李明海．微视频的内容定位与赢利模式分析［J］中国广播电视学刊，2011（12）．

上线时与伊利集团共同举办的“伊利优酸乳中国首届酷6微视频大赛”，唯一的要求即在作品中必须植入伊利优酸乳的产品；二是依托拍客的民间力量，对广告主的活动和事件进行“热点营销”，与专业媒体的报道形成互补。优酷网为立顿打造的“玩味下午茶”活动中，用户只需通过简单注册即可为朋友送出立顿下午茶。遍布全国的拍客拿起手中镜头，记录收茶瞬间的感受。曾引起广泛关注的《上海最彪悍雪佛兰MM》、《京城地铁惊现甩手男》两段视频则以随机拍客手法，分别表现了雪佛兰科帕奇轿车的全路况优势和索爱新款手机的游戏娱乐功能。

事实上，真正有创作能力的视频制作者，还是能够抵制过于直接粗陋的商业元素影响的。但是视频网站通过一系列貌似客观、实则基于商业法则的评价标准，变网络微视频为纯粹的商品，并敦促受众默认自己为单纯的商品消费者。这种被消费文化所培养和驯服的受众才是具有决定意义的。只要这样的受众参与“Web2.0”创作模式，只要创作者身处网络商业化的大环境之中，其创作就很难游离商业逻辑。

文化逻辑、技术逻辑、商业逻辑作为网络微视频生产中的三大逻辑，既彼此依赖又存在冲突，如何处理好三者之间的博弈，将三者之间的矛盾于无形中化解调和，从而达到一种比较和谐的状态，是一个需要不断思考的话题。

第三节　筛选机制：把关规制的弱化与分散

一、把关规制主体权力弱化与分散的成因

网络微视频的把关和规制主体包括政府、视频媒体、独立的规制机构、行业自律组织、公民监督团体等。由于互联网环境的双向和去中心化，网络微视频的把关规制呈现出主体角色多元化的特点，网络微视频市场的参与者和广大网民既是把关规制的客体，又被赋予了一定权力成为把关规制的主体。

网络微视频把关规制主体权力的弱化与分散源于互联网环境的下述三个特点：

（一）网络信息传播的“去中心化”

早在1999年出版的《比特之城：空间·场所·信息高速公路》一书中，美国学者威廉·J. 米切尔就提出：“没有一个明确的中央权力机构能一手接管Internet。这是一项了不起的政治发明——一项宏伟的结构却具有内在的强大能

力，可以抵御集权和专制控制。”

之所以如此，是因为目前互联网采用的大多是“分布式”的网络结构。“分布式”网络结构是对电话网中常见的“集中型”和“分散型”网络结构的变革，后两者都是围绕着一些中心交换点构建起来的。“分布式”网络结构取消了中心交换点，形成了一张由许多网点联结而成的网络，网点之间相互连通，信息在互联网中并非沿着一条线性路径传播，而是进行着网状扩散。从理论上讲，每一条信息都可能借助这种网络从一个点扩散到一个面。加之点对点的 P2P 技术的广泛使用，以及无数超链接的存在，改变了互联网以大网站为中心的状态，网点之间、网络中的许多信息之间也实现了彼此连通，由此互联网成为真正的信息网络，人们在网络中的活动往往是基于这个信息网络的架构，传播者与受众之间的连通、受众与受众之间的连通变得轻而易举。

在这种“分布式”的网络结构下，互联网成为一种“去中心化”(Decentralized) 的、分权的新兴媒体，信息传播主体、传播模式、传播层级、传播路径都呈现出多样化特征，这也造就了信息控制的复杂化。从技术上看，控制信息与意见扩散的常见方式有两种：一是封闭信息源头。例如，封杀某些网站的 IP 地址。但是对于信息接收者来说，他们可以通过使用代理服务器等方式去访问那些被屏蔽的网站。而对于信息传播者来说，网络中存在无数的传播平台，一个被封闭，还可以再寻求别的网络平台。因此，传播源头实际上很难彻底被封闭。二是阻断信息传播的路径。例如，阻止人们的转发。但网络终归是一个全连通的结构，也是由人们的社会关系连接的社会网络，因此，信息传播路径并不是唯一的，要完全控制住所有路径也是不可能的[①]。可见在网络中用户可以更容易挣脱“把关人”的束缚来获取、传递信息，打破技术封锁。

（二）传统把关人功能的弱化

“把关人”(gatekeeper) 是媒体生产中的一个重要概念，最早由美国社会心理学家、传播学的奠基人之一库尔特·卢因提出。1947 年，卢因在《群体生活的渠道》一书中系统论述了这个问题，他认为在群体传播过程中存在着一些把关人，只有符合群体规范或把关人价值标准的信息内容才能进入传播的管道。20 世纪 50 年代，传播学者怀特将这一概念应用于新闻传播研究，提出了新闻传播的把关过程模式。怀特认为，新闻媒介的报道活动不是有闻必录，而是

---

① 彭兰．网络传播概论［M］．北京：中国人民大学出版社，2012：244-245.

对众多的新闻素材进行取舍选择和加工的过程。在这个过程中，传播媒介形成一道关口，通过这个关口传达给受众的新闻或信息只是少数。上述把关理论均将个体的价值判断作为影响把关的主要因素。怀特之后，巴斯、沃特·吉伯、盖尔顿与鲁奇等就把关现象分别提出了“新闻流动”、“双重行动”和“选择性把关”等理论，其中沃特·吉伯的研究最具代表性。1956年，吉伯在《新闻是报人们制造的东西》一文中提出，电讯稿编辑把关人要领受信源和新闻机构两方面的压力，决定新闻取舍强有力的因素不是对新闻本身性质的评估，而是随着这条新闻而来的压力，夹在这一中间的把关人较难有很大的作为。由此显示了把关人研究开始从个人控制模式向社会控制模式转化。美国传播学家休梅克对把关人理论作了迄今为止最系统全面的总结和分析，1991年，她提供了一个关于把关层次的金字塔式图式，认为影响传媒内容的诸因素按重要性排列，如果搭成一个正金字塔，那么最底层（也就是最重要的）的是社会制度（即社会系统层次），第二层是社会机构（媒体外社会团体层次），第三层是新闻机构（组织层次），第四层是新闻工作惯例（媒介工作常规层次），第五层是塔尖，即新闻工作者本身的各种素质对内容的影响（个人层次）。

网络微视频生产和传播中传统的把关人概念难以有效发挥作用，出现了前所未有的把关角色淡化和把关功能弱化。网络微视频内容数量激增、内容来源和传播渠道多样化，导致无论通过技术手段对内容进行过滤，还是通过人工审查的方式删除内容，把关人控制和管理内容的成本都大大增加。而且，作为微视频内容重要把关者的视频网站从业者来自计算机行业和电信业，与已经形成固定的编辑把关传统的新闻传播行业相比在内容规制方面经验明显不足，担任把关角色的也以年轻人居多，不熟悉相关标准和流程，从而影响了网络视频把关人对内容的控制力。

（三）网民行为的变化

20世纪80年代，荷兰电信专家J. L. 博德维克和B. 范·卡姆提出了一个分析各种竞争信息流向变动的模式，其中描述了几种基本的传播方式，在不同的传播方式下受众的行为有着显著的差异。其中“演讲方式”代表了典型的传统传播媒体，由一个中心同时向多个边缘接收者发布信息，是一种典型的点对面、单向的传播方式，受众缺乏“反馈”机会。在新媒体环境下，信息流向从“演讲方式”转换为“对话方式”和“咨询方式”，网民行为发生了很大的变化，他们能够绕过任何中心或中介人而选择对手、时间、空间、话题，从而进行一对一直接对话和互动，并且从信息中心主动搜寻各种信息。诚如弗朗索瓦·萨巴于1985年在最早针对媒体新趋势作出评估的佳作之一中所论，新媒体已不再是传统定义下的大众媒体：传送有限的信息给同质的视听大众。由于信息与来源的多样性，观众本身变得更会选择。目标观众倾向于选择信息，因而强化了多区隔化，促进了传送者与接收者之间的个人关系①。

不仅如此，对话和咨询方式下的网民还成为主动的内容发布者，他们可以根据自己的看法与意愿自由发表观点，同时具有一定的把关权力。网络成为大众媒介后，最令人振奋的特点是将一部分大众传播者的权力分给了受众，与此同时也将一部分传播技术的使用权转移给了受众。因此，把关过程不再是一个单纯的信息过滤过程，而是一个传受双方的互动过程。内容集成商更多是充当海量内容的"导航"角色。

微视频把关规制的弱化打破了大众传媒一统天下的局面，促进了个性化传播的兴起，但失去有力制约和规范的网络环境也容易导致微视频生产传播中乱象丛生，如虚假视频层出不穷、低俗炒作视频泛滥成灾、视频广告化蔚然成风、网络视频侵权现象时有发生等，而真正有价值的微视频却有可能湮没无闻。因此，对微视频进行合理的把关规制是很有必要的。

二、把关规制的主要形式

互联网自由、去中心化的特点使得其管理理念和方式发生了很大变化，由不同层次、不同身份的管理主体多方参与的"协作式"管理机制成为国际上普遍认同的网络管理方式。与此相应，在网络微视频的管理中，把关主体分散，规制手段多元。把关规制的方式主要有以下四种：

（一）网民个体把关

网民个体把关是一种基于个人行为的、非职业化的把关，把关主体以发布原创视频的网民和转发视频的网民为主。网络自媒体的个性化传播流程中，个体被赋予了更多选择权和编辑控制权，他们不仅浏览和消费内容，也积极贡献、创造、再利用内容，并通过评论、订阅、标签、群组转发等功能的组合应用与其他用户分享内容，从而以内容为纽带，建构在网络中的社群关系。

---

① 曼纽尔·卡斯特．网络社会的崛起［M］．夏铸九，王志弘，等，译．北京：社会科学文献出版社，2006：320.

大多数网民制作、上传微视频时，在理性和良知的约束下，会自觉或不自觉地遵从法律或伦理要求，避免传播含有明显反动、色情、血腥暴力、侵权以及其他可能造成恶劣社会影响的视频内容。但虚拟的网络世界允许以匿名方式进行影像制作和传播，从而加重了低俗内容泛滥和侵犯个人隐私等现象。早在1973年，美国心理学家菲利浦·津巴尔多在著名的“模拟监狱”实验中就已发现，当一个群体的所有成员都穿着同样的制服时，不易被识别的匿名状态会导致个体责任感、对社会评价关注的降低和潜意识中权力操控欲望的膨胀，而身份的隐匿性又为这种权力操控提供了安全的实施环境。在网络世界冲浪时，网民犹如穿上了一件“匿名制服”，个体的真实面貌隐藏在一个个虚拟的符号背后，性别、身份、社会地位统统模糊了，消失了，甚至错位了，确定关系下道德环境所产生的约束力在部分上网者中间不再发生效力，于是道德失重感油然而生，网络人格发生一定的变异，各种不适宜的微视频生产传播现象的出现正是在参与者可能互不认识、无法知晓身份的情况下迅速扩散并不断升级。更为可怕的是，“匿名制服”效应所产生的法不责众心理，往往会使个人在匿名加入群体后表现出暴虐和放纵倾向。如果这种暴虐得以假正义之名，则群体的放纵更会受到崇高感的鼓励而愈发膨胀，并最终导致群体暴力。

因而，在将网民个体作为网络微视频的把关人时，需要特别强调网民的自律。对此，香港学者李月莲提出在“YouTube现象”带来社会颠覆与传媒教育范式转移的情形下，需要推行传媒教育的“反思参与模式”，使用户不仅对内容有鉴别和批判能力，而且要培育他们成为富有责任感的制作者、传播者。总之，由于网民的个体把关动力主要来自道德约束，不具有任何强制力，政府、行业组织等的监督教育仍然是必不可少的。

（二）网络媒体组织把关

网络媒体组织对内容进行的专业化审查和把关属于职责范畴，是一种中观层面的把关，其把关主体包括网络记者、网络编辑和网络安全监控人员等，把关范围包括“讯息的整个编码过程，它不仅包括讯息的选择，还包括对讯息的内容、表现、重复次数、发布时间、刊载媒体、流向等方面的操纵与控制，而且把关不仅限于大众媒体，也存在于人际传播、群体传播和组织传播等各种传播形态中”。这种把关主要涉及以下两个方面：

一是对内容的筛选和过滤。通过技术手段和人工审核相互配合来进行事前审查，严格控制网络，阻止违法、违规、内容低俗的微视频上传。同时事后补救也很重要。以往社会中的信息生产和流通，主要遵循“先过滤后发布”的原则，大众媒体、教会、学校、专家权威等扮演了把关人和过滤器的角色；如今，越发普遍的却是信息的“先发布后过滤”①。对于已经发布的不良微视频必须在第一时间内删除，防止其进一步传播扩散。

二是对内容的编排与配置。有时这种编排是对内容的简单加工，比如在已上传的视频标题中，加上“实拍”、“街拍”、“目击”、“独家”等字样来吸引眼球，或是在未打开的视频静态图片下方用一句话言简意赅地概括视频内容，起到吸引眼球、引导网民观看的效果。此外，网站还可以采用排序、置顶、聚合、凸显、对重要信息进行提炼和推介等内容安排与表现技巧，来巧妙地表达意图与评价，这些隐含的筛选策略决定受众容易看到哪些内容，并且有效扩大微视频的传播效果。

（三）政府规制

政府是影响媒体生产的重要力量，政府的把关是从宏观层面对网络微视频整体内容来源与导向的一种把关。2006 年，美国在关于互联网环境下未来视频规制的会议上，与会者提出“对政策制定者而言，支持有效的节目自我规制是非常重要的。但在需要的地方，特别是关于儿童的有害内容，政府的强制关注是需要的”。这种强制关注包括运用法律、行政、经济手段规范被规制对象的行为，不论被规制对象是否愿意都必须接受。

其中，法律手段是指通过制定法律、法规以及司法性活动对内容进行规制。较早的如 2004 年颁布的《互联网等信息网络传播视听节目管理办法》、2006 年发布的《信息网络传播权保护条例》、2007 年出台的《互联网视听节目服务管理规定》，稍近的有 2012 年下发的《关于进一步加强网络剧、微电影等网络视听节目管理的通知》，该通知针对部分节目中出现的内容低俗、格调低下、渲染暴力色情等问题，明确规定网络剧、微电影等网络视听节目一律实行先审后播的原则。

行政手段是指政府有关部门运用行政指导、行政许可、行政处罚和行政复议等手段进行规范、引导、管理，具有权威性、强制性、具体性等特点。如 2005 年 9 月以来，国家版权局、国家互联网信息办公室、工业和信息化部、公安部等联手开展“剑网行动”，在全国范围内统一开展旨在打击网络侵权盗版行

---

① 何威.“信息过载时代”的信息过滤机制 [J]. 青年记者，2010 (16).

为的专项行动。又如从2009年1月开始，国务院新闻办公室、全国“扫黄打非”工作小组办公室、国家互联网信息办公室、工业和信息化部、公安部等部委多次部署“整治互联网低俗之风专项行动”，以遏制网上淫秽色情和低俗内容的传播。

经济手段是指政府通过财源控制、税收、补贴、设立基金等方式调节行业经营者的行为，进而影响内容的品质和流向的做法，如政府有意识地扶持一批重点网站来传播自己的声音。

尽管当前的政府规制在逐渐由传统广播电视的“强规制”向网络内容的“轻规制”转型，但目前我国现行管理模式仍然有过于强调政府的作用之嫌，管理手段以行政干预和网络立法为主。政府的管制有利于把握正确舆论导向，促进主流意识形态的发展，但这种自上而下的管理模式与自由、多元、开放的互联网精神是相悖离的，过度干预可能阻碍产业的竞争和发展，限制生产者的表达自由。管理过程中带有一定人治和长官意志的行政手段会削弱管理效果，相关法律的诸多缺陷也限制了其应有的作用。如何在政府干预与用户自治之间找到一个更好的平衡点，在保护网络影像表达自由的同时生产出更多健康有益的视听节目，还需要不断地摸索。

（四）技术控制

在复杂的网络媒体环境中延续对传统媒体的内容控制方式显然难以奏效。作为与传统媒体迥异的重要表征，网络技术在信息内容的控制中起着独特的作用。同其他所有技术一样，网络技术是一柄双刃剑，它既可以成为网络微视频内容生产的工具，也可以成为控制微视频内容的有效手段。目前视频网站进行内容控制时采用的技术手段主要有以下几种：

1. 关键词过滤技术

关键词过滤，也称关键字过滤，指网络应用中，对传输信息进行预先的程序过滤、嗅探指定的关键字词，并进行智能识别，检查网络中是否有违反指定策略的行为。这种过滤机制是主动的，通常对包含关键词的信息进行阻断连接、取消或延后显示、替换、人工干预等处理[①]。关键词过滤属于网络内容过滤技术中的一种，通过设置一定的条件限制，可以有效地过滤色情、暴力、诽谤、

---

① 维基百科．关键词过滤［DB/OL］．http://zh.wikipedia.org/wiki/%E9%97%9C%E9%8D%B5%E8%A9%9E%E9%81%8E%E6%BF%BE.

诈骗、毒品交易、教唆犯罪等不良信息，也可以最大限度地降低敏感信息的曝光率，从而成为管制主体积极控制信息源最简单、最直接的手段。针对微视频的传播同样存在这一自动过滤机制，一些微视频制作者在熟悉这一机制之后，往往采用以同义的非敏感词语替换敏感词语的方法来绕过这种技术监控。目前网络内容过滤技术还只能对微视频的标题和文字简介部分进行操作，欲对视频图像进行把关过滤，需要采用图像识别技术，根据图像的色彩、纹理、形状以及它们之间的空间关系等特征作为索引，通过图像之间相似程度的匹配进行过滤，但这一技术尚未达到实用、系统的要求。

2. 搜索引擎技术

托马斯·弗里德曼在《世界是平的：21 世纪简史》中认为，“搜索技术革命”与“网络诞生”是 21 世纪将地球铲平的推土机。搜索引擎是运用特定的计算机程序，为用户提供信息检索与信息服务的通道系统与信息传播平台。它根据一定策略从互联网上搜集并排列信息，进而把检索到的相关信息展示给用户[①]。在这一过程中，搜索引擎进行了两次把关：一是信息过滤，决定了哪些信息可以被搜索到。二是结果排序。搜索引擎的技术算法使搜索结果呈现出序列化状态，各种信息在搜索结果中是按搜索引擎所制定的规则来进行排序的，同一个搜索请求在不同的搜索引擎中会获得不同的结果，这种搜索排名会提示受众哪些信息相关性更强，关注的人更多，无形中影响到它们与受众的接触程度。这种序列化的能力是搜索引擎对网络内容所具有的控制能力。同时，搜索引擎还可以通过提供搜索热点和搜索趋势分析等信息，来对某些议题进行强调，进而影响网民的议事日程和消费需求。可以说，搜索引擎对社会知识的构建起着至关重要的作用，成为网络空间的“守门人”。它深刻影响了网络信息的生产与消费流程，推动了传播模式的发展和变革。更为重要的是，它重整了网络信息秩序，影响了用户对信息的获取与判断，从而重构了用户的信息环境。从这个角度来说，搜索技术又是危险和可怕的。正是考虑到搜索引擎在网络传播中的这种强势话语权，著名搜索引擎公司 Google（谷歌）才把不作恶（Don't be evil）作为自己的经营理念[②]。搜索引擎技术可以帮助人们轻而易举搜索到需要的视频，并迅速把握当下视频传播中的热点，在微视频的日常传播中起到“放

① 王凤翔. 2010 年搜索引擎发展报告 [R]//尹韵公. 中国新媒体发展报告（2011）. 北京：社会科学文献出版社，2011：211.

② 曹飞. 论搜索引擎的议程设置功能 [J]. 现代视听，2008（11）.

大器”的作用。不仅如此，一些冷门视频或上传已久的视频也可能由于某些事件的触动被重新发掘出来意外受追捧。

3. 防火墙技术

防火墙是用来阻挡外部不安全因素影响的内部网络屏障，目的在于防止外部网络用户未经授权的访问。网络是一座没有围墙的花园，向所有人开放，花园中香花与毒草并存，蜜蜂与苍蝇齐飞，不同的民族观、价值观、宗教观、道德观互相碰撞。根据文化“凹地理论”，信息总是由强势文化向弱势文化流动，西方意识形态在网络上居于优势地位。知名视频网站 YouTube 上曾出现一段“杀光中国人”的辱华视频，内容出自美国广播公司 2013 年 10 月 16 日的深夜脱口秀节目“吉米·基梅尔秀”。在这档节目中，主持人吉米·基梅尔邀请了 4 位不同肤色的孩子组成“儿童圆桌会议”，吃着糖果讨论国家大事，以讽刺“国会议员像儿童一样爱闹脾气”。当吉米问到“我们欠中国 1. 3 万亿美元债务，怎样才能还完”时，一名 5 岁的儿童语出惊人，称“要绕到地球另一边去，杀光中国人”。吉米调侃道：“杀光所有中国人？这是一个很有趣的点子。”在西方意识形态大规模占领网络的情势下，一些涉世未深的上网者容易受到国外视频网站上某些煽动性信息、消极思想及生活方式的影响。因而，在当前国际国内局势下防火墙的设置还是很有必要的，它能够在一定程度上阻止网民上传违法、反动、色情、暴力视频到国外网站，同时阻止网民接触这些危害国家安定统一和社会风气的视频内容。

置身于互联网环境下的微视频在筛选机制上呈现出把关规制弱化与分散的显著特点，传统“把关人”概念的内涵和外延均发生了一定变化，但是“把关人”仍或隐或显地存在，把关行为也是必不可少的。其中，网民对信息的自我把关是用户自律和媒介素养的体现；网络媒体的组织把关是出于遵守政府和规制机构管理规范、对公众负责以及对内容生产标准自我控制的需要；政府规制的目的在于国家和社会稳定；技术控制则是新媒体环境下特有的隐性内容控制手段。各种把关规制方式的配合使用，才能收到良好的效果。

第四节　传播趋势：社会化的“裂变式”传播

从广义上来说，内容的扩散传播也可以包含在生产的范畴之中。网络微视频的传播渠道分为大众传媒渠道与社区个人渠道。其中，大众传媒渠道以各大

门户网站及视频分享网站为主；社区个人渠道包括 BBS、SNS、博客、微博、QQ、微信等社会化媒体。这两个渠道之间存在高度的相关性，彼此制约、彼此促进。一般来说，分散的受众群在小范围内对某一视频进行传播，第一轮传播结束后，由于点击量的提升，各视频分享网站会予以一定的关注，这种关注使得视频有了更多的潜在阅读者。在这个互为前提的循环中，力的作用起点是小范围的人际传播。随着社会化媒体的日益勃兴，社会化的“裂变式”传播成为网络微视频的传播趋势。

一、社会化媒体概览

（一）何谓社会化媒体

“社会化媒体”（Social Media）一词 2007 年最早出现在一本名为《什么是社会化媒体》（*What is Social Media*）的电子书中，其出现是基于用户创造内容已经成为互联网内容的主要来源。作者安东尼·梅菲尔德是 Spannerworks 内容和媒体部门的主管，也是在线社区方面的专家，在在线社区领域拥有 10 年的丰富经验。在书中，安东尼·梅菲尔德对社会化媒体这一现象做了简要清晰而又全面的介绍，为人们了解社会化媒体提供了一个契机。

安东尼·梅菲尔德将社会化媒体定义为“一种给予用户极大参与空间的新型在线媒体”，该定义强调社会化媒体的核心，即用户参与性。社会化媒体将口耳相传的信息传递形式搬移到网络上，鼓励用户在一个自发形成的社区环境中主动交流对话，积极参与讨论。社会化媒体的传播是以网民之间高度的自由互动、实际直接参与来构建的一个庞大的人人共享的公共空间，其基础是以个人为中心的星状网络模式，信息通路是四通八达、交叉层叠的双向通路，信息传播可以像病毒一样极其迅速而高效地蔓延。从媒体形式上看，社会化媒体大体可以分为社会关系网络、视频分享网络、照片分享网络、合作词条网络、新闻共享网络、社会化书签等①。

（二）社会化媒体的特征及发展概况

社会化媒体创造了新的内容创作和传播方式，赋予了每个人创作并传播内容的能力，它具有以下基本特征：

（1）参与。社会化媒体激发感兴趣的人主动地贡献和反馈，模糊了媒体和

---

① 唐兴通. 社会化媒体是不是忽悠？［EB/OL］. http://tangxingtong. Blog. Techweb. Com. cn/archives/15. html.

受众的界限。

(2) 公开。大部分的社会化媒体均可免费参与，鼓励大家评论、反馈和分享信息，参与和利用社会化媒体中的内容几乎没有任何障碍（受保护或隐私内容除外）。

(3) 交流。传统的媒体采取"广播"形式，内容由媒体向用户传播，单向流动。而社会化媒体的优势在于内容在媒体和用户之间双向传播，形成互动交流。信息传播的效率成倍提高。

(4) 社区化。在社会化媒体中，大家可以很快形成一个社区，并以共同感兴趣的内容为话题进行充分交流。

(5) 连通性。社会化媒体具有强大的连通性，通过链接将多种媒体快速融合到一起。

(6) 多平台。基于网络的社会化媒体不受平台限制，任何能够连接网络的终端都可以作为服务平台。

社会化媒体的兴起与互联网的发展密不可分。它与传统媒体之间存在着诸多区别，如表 3-1 所示：

表 3-1　社会化媒体与传统媒体的主要区别①

传统大众媒体	新型社会化媒体
少数的传播机构，信息由专家生产，是喉舌导向，代表政府、企业等官方言论	大众是信息的生产者、发布者和传播者
信息单向传播，无法在阅读中参与意见	信息双向流动，大众可以在阅读中参与意见，信息边传播，边改变
信息的存在和权重取决于发布者	权重由网民的喜好决定，成为信息的主人，具有一定的舆论影响力
面向大规模受众，但受众之间没有关系	用户之间建立了社会关系
高资源投入（人、网络、设备等），高风险	个性化，成本低

① 王明会，丁焰，白良．社会化媒体发展现状及其趋势分析［J］．信息通信技术，2011（5）．

在美国，以Facebook和Twitter为代表的社会化媒体在全球产生了巨大的影响力，并逐渐发展成为与门户网站、搜索引擎和电子商务相匹敌的互联网基础性应用。1994年，曙光BBS站的建立标志着中国的社会化媒体诞生，在以后的十年间，Email、论坛、点评网站和即时通信工具的出现不断丰富网民的生活。自2004年以来，博客、播客、视频分享、百科、问答、SNS、微博、LBS、团购等如雨后春笋般出现，社会化媒体的格局日趋复杂。从2010年开始，各类社会化媒体的跨界整合成为一种新的尝试。

二、网络微视频与社会化媒体的融合趋势

社会化媒体的传播特点和迅猛发展引起了网络视频行业的关注。在自有流量及搜索引擎入口流量趋于稳定的情况下，在线视频行业急需新的流量入口以便获得更多用户，而社交网站的巨大用户量恰恰可以满足这一点，因此社交媒体与视频行业之间的融合趋势已成为行业新商业模式。

美国视频广告服务商Tubemogul和视频网站Brightcove早在2010年12月发布的美国网络视频研究结果就显示，Facebook已成为全球第二大媒体网站视频流量来源，社交网站则已成为视频行业最大的第三方视频入口。在我国，各大视频网站也纷纷向社会化媒体靠拢，人人网并购56网、土豆网与新浪微博深化合作、酷6网牵手开心网推出全互动社交视频产品“新酷6”等，都是视频网站与社会化媒体融合的经典案例。2012年腾讯视频所提出的全新“iSEE内容精细化运营理念”中，重要一环就是通过社会化媒体实现视频社交化、视频资讯化和视频互动化。新浪视频则在伦敦奥运营销中充分挖掘社会化因素，采用“门户+微博”双平台整合营销的策略，由门户完成覆盖与到达，微博实现社会化营销。

社会化媒体与视频行业的融合趋势对网络微视频的生产具有积极的影响。在社会化媒体中，每位普通网民作为传播路径中的一个节点都拥有传播的权利，受众可以充分利用博客、微博、社交网站等平台推广自己的原创影像作品，优秀作品不至于湮没在信息的海洋中。而且，社会化媒体注重用户参与，网民在社会化媒体中除了可以参与生产、发布微视频外，在传播过程中所起到的推动作用也极为重要。调查显示，1/3以上的用户在网上分享过视频，其中63.1%的用户分享至博客或者个人空间，50.4%的用户分享至微博，46.4%的用户分享至微信。博客或空间、微博是个人最主要的分享目的地，2013年以后，微信也迅速成长起来[①]。各种社会化平台为网民提供的视频社交化体验和参与、评论、互动的机会对于影像生产质量的提高是一种有力的促进。

在此情形下，越来越多的微视频作品开始借助社会化传播的优势，以达到更好的传播效果。腾讯出品的国内首部微博情景互动剧《男左女右》，在腾讯视频的点播量短短一月内就超过5000万次，并获得“2011年中国艾菲媒体时效奖”。吴彦祖为凯迪拉克拍摄的微电影《一触即发》，预告片在网络上推出一周点击量即超过6000万次。2010年12月27日全国正式首映日，凯迪拉克官方网站浏览次数过亿。正片上映当天微博单条转发达22752次，并很快进入“最热话题”、“最热转发”及“最热品牌”排行榜。在整个过程中，凯迪拉克官方微博粉丝从活动前的1000多人，几天内猛增至11万人。Smart携手篮球明星科比合作的微电影《城市大不同》，凭借精彩的剧情也成为新浪微博上的“明星”，共吸引网友发布245616条微博，二次传播数量达到122808000条，一周内视频播放总数达到470990次。2011年凡客诚品推出的由黄晓明主演的微视频《挺住意味着一切》，8小时内转发量超过12万次。

三、网络微视频的社会化“裂变式”传播过程

在社会化媒体领域中，有两个关键词：UGC（users generated contents，用户创造的内容）和CGM（consumers generated media，消费者产生的媒体）。这充分说明个体用户在传播过程中的作用，这种传播权利重心的转移，使得信息传播路径随之发生相应的改变[②]。在这条信息链上传播的网络微视频作品也随着人们对社会化媒体依赖程度的加深而受到影响。

不难发现，在社会化媒体上受到追捧的微视频几乎都是简短、有趣、事件性的微视频，唯其短小精悍才适合在SNS、微博、博客等平台上迅速扩散。此外，微视频进行裂变传播的前提还包括：视频口碑推荐占用的资源很小，以微博体等适合评价、转发的形式最为常见；制作足够精良，能在最短时间内抓住注意力；传播平台执行力强，用户活跃度好，意见领袖具有强大的社会网络，能够确保二次传播的顺利进行。

具备上述条件的微视频作品一经发布，便极易抓住眼球，引发网民之间主

---

① 中国互联网络信息中心. 2013年中国网民网络视频应用研究报告［R］. 北京：中国互联网络信息中心，2014.

② 张磊. 社会化媒体的新闻传播路径嬗变［J］. 东南传播，2012（5）.

动的信息分享传递行为，通过口口相传的人际传播一传十，十传百流传开来。在此过程中协作过滤技术发挥了很大作用。协作过滤又叫社会过滤（social filtering)，是利用用户信息需求之间的相似性或用户对信息的评价进行的过滤[①]。协作过滤的思想就是寻找相似用户，依据相似用户对内容的兴趣评价来确定是否推荐这个内容。从广义的角度上理解，“协作过滤”不仅仅是一种算法或软件，而且是一种新的信息过滤机制。它得以有效运作的前提是：第一，个人通过人际关系网络所联结的其他节点，也就是他的朋友熟人的喜好及行为往往与之相似或相关；第二，人们越来越习惯于通过自己的社会网络对信息进行分享、评价、分类、推荐；第三，当今网众的社会网络与信息网络出现了融合与交叠，这种机制已经足以在社会尺度上产生效用[②]。

视频共享等社会化媒体提供了一个良好的分享交流观点的平台，协作过滤技术更进一步放大了人际传播的效果，于是受众主动接近媒体不再只是一个简单的信息获取与阅读过程，而是一种与他人互动融入社会的过程。这种互动为微视频传播提供了自由轻松的传播氛围，信息传播路径也会因为人们的这种群体讨论得以扩散，由传统媒体环境下的单一的“一对多”形式，变为“一对一”、“一对多”、“多对多”等多种形式并存。不仅如此，许多视频网站还利用Web2.0技术让网民投票选择自己喜欢的微视频，然后根据投票数对其排序，将受热捧的微视频排在从海量信息中“拉”出来，这些由网民推荐置顶的视频在从众心理的影响下，很容易被更多的人关注。

当用户在看到他人推荐或转发这一视频时，不光关注视频本身及介绍视频内容的信息，也会关注他人的评价，核心内容及附着于核心内容周围的附加信息构成了视频得以在更大范围内传播的原因。根据在信息传播中的活跃度、影响力和发挥作用的大小，参与视频传播的节点按重要程度分为核心节点、桥节点和长尾节点三种类型。三类节点被关注的程度随节点传播网络扩散的方向而降低，核心节点受关注的程度最高，长尾节点受关注的程度最低，桥节点居中。它们之间的有效互动，是裂变传播得以实现的基础[③]。

原发性强、粉丝量大、发布信息积极的核心节点决定微视频受关注的程度，

---

① 黄晓斌. 网络信息过滤原理与应用 [M]. 北京：北京图书馆出版社，2005：6.

② 何威. “信息过载时代”的信息过滤机制 [J]. 青年记者，2010 (16).

③ 张佰明. 裂变传播模式推动微视频发展 [J]. 中国传媒科技，2012 (3).

包括内容提供商、明星、意见领袖、微群主、媒体等。由于这些节点一般都拥有数量较大的自媒体资产——粉丝，这些粉丝作为“桥节点”所起到的扩散作用不可小觑，他们决定了微视频的扩散范围①。正是这些“桥节点”的存在，不但让微视频能够扩散到每个以“桥节点”为核心的圈子（主要由粉丝的粉丝即长尾节点构成）里，而且能够打破不同圈子之间的壁垒，形成一个个交叉群体，使得不同类别的微视频可以进行交互式传播，保证微视频得以在更大范围内传播和扩散。这种以核心节点的粉丝为中介桥梁实现跨越式传播的方式，就是裂变传播最主要的表现形式。

总之，在“内容＋口碑”的传播组合形式下，网民成为主动而有效浏览微视频的用户，信息的流传以“裂变式”的传播方式，迅速形成“浏览—评论—转发—更多浏览”的有效传播链条，达到几何式的辐射传播效果，最终造就巨大的集合传播效应。优质视频甚至可以引爆社会话题。在这一视频传播的社会化过程中，微视频利用社会化媒体变成了驱动用户参与、交互、分享的内容，而社会化媒体则是助力微视频传播速度和范围大幅提升的强大媒介。

对网络微视频生产机制的考察表明：网络微视频这一互联网环境下的影像生产与传统影像生产相比，无论是在生产主体、生产模式、生产逻辑、筛选机制还是在传播方式上都存在较大的区别。

从生产主体和生产模式来看，随着媒介技术的进步，文化传播范式不断由忽略受众主体性的信息单向传递型范式向肯定受众能动性的双向互动型范式转移，普通网民在信息生产中不再仅仅充当“看客”角色，而成为网络影像生产新的主体。与此同时，一种注重受众参与和反馈的新的影像生产模式——传受互动型生产模式也取代了传统媒体环境下完全由精英和专业人士主导的生产模式。

从生产逻辑上来看，处在产业化进程中的网络微视频兼具多重身份：既是新媒介技术发展的产物，又是当下正从边缘进入主流的视觉文化形态，同时也是一种文化商品。基于媒介发展演进的技术逻辑，基于草根、精英、官方多元审美需求的文化逻辑（其中大众草根文化占据了主导地位），基于市场的商业逻辑成为网络微视频生产中的三大逻辑。这与传统媒体生产中政府（代表政治权力）、市场（代表经济权力）、媒体（代表新闻专业主义）成为三大控制力量的

① 张佰明．裂变传播模式推动微视频发展［J］．中国传媒科技，2012（3）．

权力格局相比，显然有了较大的区别。

在筛选机制上，由于网络传播的去中心化、传统把关人功能的弱化和网民行为的变化，网络微视频的把关规制主体权力出现了较明显的弱化与分散，把关规制手段多元化，网民个体把关、网络媒体组织把关、政府规制、技术控制成为四种重要的把关规制方式。相对而言，网络中政府和媒体组织的把关功能被削弱，网民个体自律的重要性增强，且出现了技术控制这一新媒体环境下特有的把关手段。但个体自律依赖于个人道德自律，技术障碍常常容易被网民巧妙规避而出现失灵，所以政府和媒体组织的把关作用仍然不可忽视。

在传播方式上，不同于电影、电视等大众媒介上的传统影像作品以“一对多”传播为主要传播方式，以参与互动为基本特征的社会化媒体与网络微视频生产传播之间存在天然契合，网络微视频行业正加速与社会化媒体的融合，借力社会化平台上网民积极的信息分享传递行为进行“裂变式”传播成为微视频的传播趋势，这就有力地解释了优秀的微视频作品在网络上迅速流传的原因所在。

总之，网络微视频生产是对传统影像生产的变革，在这一过程中，“大众”的地位得到了极大提高，从某种意义上说，微视频生产是网络上大众一次酣畅淋漓的影像书写。

第四章　文本现实：大众化与个人化的复杂图景

社会变动是推动文本变革的无形之手。当下的后现代消费文化已打破了高雅与通俗、精英与大众之间的界限，并在进入网络自媒体时代后，呈现出大众化与个人化并重的特色。微视频成为这一时代新的影像书写工具。较之传统的文字和图片，影像文本可以更为生动鲜活地保存历史、反映现实、观照内心、表达情愫。在记录和讲述的过程中，它们既忠实地记录了剧烈变革的时代大潮中许许多多个体的喜怒哀愁、多样化的思考，也映射出作为整体的大众在特定时代背景下的一些共同特质。

第一节　网络微视频文本的类型构成

综观纷繁复杂的网络微视频世界，根据其生产主体可以大致划分为三大类：源自传统媒体的微视频、网民原创微视频和网站自制微视频。

一、源自传统媒体的微视频

这类微视频是传统广电节目“触网”的产物，或直接挪用传统媒体上已有的短小视频文本，如电视上的短新闻、广告、MTV等；或从影视文本中筛选、截取部分片段，使之适合网络传播要求，如电视栏目节选、影视剧片段等。

源自传统媒体的微视频一部分由网民上传，其中尤以具有重要性和显著性、关系到国计民生的、富有争议性的热点新闻视频，正在热炒的娱乐事件，或者轻松、幽默、搞笑的影视片段等大众化内容最受青睐。当网民看到这些有价值的、有趣的电视和电影节目时，在种种复杂心态的驱使下，会主动上传视频至网络上，和他人共同分享，借此表达个人的立场观点、满足交流欲望、获取群体归属和认同感，或者建立维护自己的网络形象。尤其是在微视频发展早期，影视剧网络版权处于监管混乱状态之时，网上随处可见网民上传的影视剧片断。

随着版权市场的规范化，目前越来越多源自传统媒体的微视频节目由视频网站在取得授权后发布。传统媒体是网络视频重要的内容提供商，视频网站迫切需要优质视频内容来充实自己，尤其是在传统媒体更具权威性和公信力的时政新闻等领域。而电视台等传统媒体出于新媒体时代激烈的竞争压力和占领网络阵地的需求，或是建立自己的网络电视台进行资源共享、“台网联动”，或是与视频网站签订内容供应协议，有偿提供内容以扩大自己的影响力。一种常见的做法是，传统媒体往往将长视频被切分成多个短视频后再上传到网络，既加快了上传、下载速度，也方便了观众点播，越来越多的观众在网络上欣赏到的是原有视频的“精华版”和“片段版”，这也是尊重网络用户观看习惯和观看体验的表现。

二、网民原创微视频

网民原创微视频是掌握了一定视频制作技术的网民，基于网络传播特性自主创作、拍摄或经后期剪辑而成，用以表达个人思想感情及观点的视频短片。生产原创微视频的网民，以大量非专业的视频制作爱好者为主，也包括一些传统意义上的专业制作者。这些原创视频又可以细分为以下几类：

（一）原创剧情短片、动画片、音乐短片（MV）

好的作品往往拥有良好的创意和精彩的情节，其作者具有一定的艺术创作能力，具有表现创作才华的强烈冲动。当前我国传统影视剧行业产能严重过剩、大量作品无处发表，网络无疑成为一个较好的展示平台。其中出自大学生之手的原创微视频颇具代表性。在各大视频网站上，可以看到中国传媒大学、北京电影学院、上海戏剧学院、浙江传媒学院、广州美术学院等艺术院校学生的作品专辑。许多作品取材于校园生活，以爱情、友情、理想等为主题，体现了创作者对大学生活的留恋、怀念、反思，从中涌现出了一批有价值的原创视频短片，如《我的歌声里》（北大学生原创 MV）、《夏天里的雪》（北京电影学院原创 DV）、《四年一梦》（重庆大学原创微电影）、《一米阳光》（聊城大学原创微电影）、《毕夜》（湖北民族学院原创微电影）、《梁亮亮和谢小星的简单故事》（中国传媒大学南广学院原创微电影）……也有不少微视频的创作者将视角伸向广阔的社会生活。如毕业于北京电影学院导演系、曾以一部《霞飞路》让广大网友熟知的青年导演程亮，2011年凭借成本仅4万元的微电影《宅男电台》成为优酷网2011原创视频“年度新锐导演”，《宅男电台》也成为“年度诚意原创”，2012年该片更是一举拿下国内首个专注互联网全平台的影像评选活动——第1届玛克思未来影像季最佳网络微电影、最佳剪辑、最佳音乐三项年度最佳。此外还有《红领巾》（导演向歌，毕业于北京师范大学联合学院），《角落的叮嘱》、《爱情绑匪团》、《康桥的午夜电台》（沈沁源，毕业于中国传媒大学南广学院），《人有三急》（导演朱佳梦，毕业于香港浸会大学），《四分之一的夏》（导演项秋良，毕业于中国美术学院）等。

（二）恶搞短片

恶搞现象是人类娱乐与游戏精神的一种体现。根据维基百科（Wikipedia）网站词条的记录，“恶搞”一词来自日语的“Kuso”，是一种经典的网上次文化，由日本的游戏界传入我国台湾，成为台湾BBS网络上一种特殊的文化。这种新文化再经由网络传到香港地区，接着是中国内地。但事实上，在Kuso出现之前恶搞这种行为方式存在已久。早在1919年，艺术家马塞尔·杜尚就画过若干幅恶搞达·芬奇《蒙娜丽莎》的画作，他用铅笔为蒙娜丽莎添上各式各样的小胡子，经典的蒙娜丽莎于是变成了一个搞笑的艺术形象，由此开启了现代恶搞艺术之风。20世纪60年代，美国和欧洲掀起了反文化思潮，恶搞艺术成为许多先锋艺术家反叛社会的一种方式。1967年，米奇兰格罗·皮斯拖莱特的《破布的维纳斯》将罗马著名雕塑维纳斯与一堆被丢弃的破烂衣服组织在一起，形成了一种具有强烈恶搞和反讽意味的行为艺术。在我国20世纪80年代中期的“新思潮运动”中，徐冰、吴山专、耿建翌、王德仁、张培力、张晓刚、王广义、方力钧等人受西方文化的影响，经常用恶搞的行为艺术表达对传统文化的反叛。王德仁的行为艺术《抛撒避孕套》表现的是一群青年正在随地乱扔避孕套，引起了广泛的社会争议。1994年，由中国香港导演刘镇伟导演，周星驰、朱茵等人主演的《大话西游》上映，开启了“无厘头电影”的风潮，也开启了“大话时代”，以后中国香港、台湾地区和祖国内地的许多恶搞都受到这部电影的深刻影响[①]。可见“恶搞”只是网络时代对“戏仿”这一传统幽默讽刺方式的一种重新认定。网络恶搞短片也称“再编视频”或“改编视频”，是指借助视频剪辑、声音软件等多媒体手段，通过模仿、拼贴等后现代手法对经典

① 曾一果. 恶搞：反叛与颠覆［M］. 苏州：苏州大学出版社，2013：87.

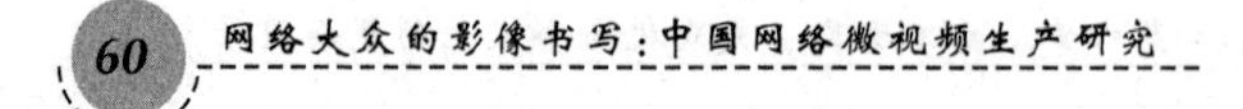

或熟悉的文本（包括文字、图片、影像等）进行改编、解构、颠覆或嘲讽的一种“二次创作”（reworking）文本。恶搞短片直接以主流文化工业提供的文化产品为“原材料”，创造性或反抗性地使用或者消费它们，用它们来构筑自己“意义的地图”，往往结合时事，极尽嬉笑怒骂之能事。如胡戈的《春运帝国》，通过讲述民工周星星想方设法买票回家过年的故事，表现了买票难、乘车难、黄牛党等春运种种尴尬，具有强烈的现实意义。再如，2008 年 4 月，北京奥运火炬在伦敦进行接力活动时，遭到“藏独”分子的阻挠。之前对拉萨“3·14”打砸抢烧重大暴乱事件有过不实报道的 BBC 指责中国内地的主流媒体不报道该事件是一种“愚民”行为和“鸵鸟”行径。海外华人立即对此作出反应，怒诉英国广播公司 BBC 驻京记者 James Reynolds 缺失基本职业道德，并创作出《BBC 中国北京特派员 James Reynolds 脑袋长了等于白长了!》的视频，其中就包含了 BBC、中央电视台、腾讯网、四川新闻网的报道片段。

（三）纪实型短片

以记录生活、反映社会现实为目的，注重真实性和纪实性，其中很多内容都是非常好的新闻题材。也有学者将其中新闻性较强的内容称为公民视频新闻。包括公民视频新闻在内的纪实性短片的大量出现，极大地丰富了网络媒体的内容构成，满足了大众对信息来源、信息呈现多样化的需求。

（四）个人展示型短片

以自我表达和自我肯定为主要目的。dodolook 的生活日记和自拍、“叫兽”、“苍天哥”、“砖家”、“敖厂长”、“辰音奈奈”、“魔哒蒂斯”、“通杀小游戏女流”的“游戏视频讲解”系列，乃至在“鸟叔”红遍全球之际，网络上出现的各种“骑马舞”模仿视频，都是利用微视频进行自我表演秀的代表。

（五）知识介绍型短片

以共同分享为主要诉求，通过短小的演示视频帮助受众了解、掌握、重现各种场景、事物，在快乐中学习知识。原创系列视频《飞碟说》选取社会热点为话题，进行视频化的科普解说，因为诙谐幽默而一路走红，成为公认的网络视频百科精品。专业的知识分享平台“几分钟网”上，汇集了大量网友上传的各类实用视频，堪称一部好看的生活百科。

三、网站自制微视频

在网络视频兴起的最初几年内，视频网站只是单纯的播放平台。视频网站自制内容始于 2007 年，并从 2010 年起渐成风潮，视频网站也逐渐从纯粹的视频平台转向身兼制作和发布双重功能的内容供应商。网站自制微视频主要包括微电影、网络剧、网络视频栏目三大类型。

（一）微电影

“微电影”是指专门在各种新媒体平台上播放、适合在移动状态和短时休闲状态下观看、具有完整策划和系统制作体系及完整故事情节的视频短片，内容融合了幽默搞怪、时尚潮流、公益教育、商业定制等主题，可以单独成篇，也可以系列成剧。从理论上讲，当今电影和电视所能涉及的内容，都可能是微电影的话题内容①。新媒体时代，微电影的制作力量极为丰富，以略显二元对立的维度切入，基本可以区分出专业团队与业余制作两种类型②。后一种类型属于网民原创，视频网站参与制作的是前一种类型。

在各大视频网站中，网易的微电影较有代表性。2011年初，网易推出“明星微电影”系列，其制作力量均来自网易制作团队，其中网易娱乐频道的总监王尔冈几乎担任每一部明星微电影作品的导演或监制。该系列微电影的核心策划理念在于深度发掘明星效应，利用大众对明星的热切关注刺激观看行为，吸引其关注明星微电影及其承载媒介平台。

（二）网络剧

网络自制剧是由网络媒体自己投资拍摄，专门针对网络平台制作并播放的短小剧集。在制作流程和结构上，网络剧必须符合“剧”的要求，且网络媒体必须参与其中，或独立完成，或与其他制作公司、导演等机构或个人联合制作。与传统电视剧相比，网络自制剧有三个特征：一是内容紧凑、节奏较快、篇幅短小，多采用10至20分钟的剧集长度；二是题材多元化、演员选择偶像化；三是成本低廉、门槛较低、互动性强③。

从2008年底以来，主流视频网站纷纷涉足网剧领域，推出了不少点击率较高的网剧，如酷6网推出的《微客帝国》、《男得有爱》、《我爱我家2.0》，优酷网出品的中国版《苏菲日记》、《嘻哈四重奏》、《非常爱情狂》、《天生运动狂》，土豆网制作的《欢迎爱光临》、《爱啊哎呀，我愿意》，搜狐网门户剧《钱多多嫁

---

① 杜建华，杜蓉．“三网融合”下视频分享网站内容细分化生产［J］．南方电视学刊，2011（3）．
② 张波．论微电影在当下中国的生产及消费态势［J］．现代传播，2012（3）．
③ 曹慎慎．“网络自制剧”观念与实践探析［J］．现代传播，2011（10）．

人记》、《疯狂办公室》、《夏日甜心》，爱奇艺自制的《在线爱》，等等。上述网络剧基本上都是走的迎合网络微视频主流受众群的时尚、搞笑、偶像路线。

（三）网络视频栏目

网站自制的视频栏目涵盖了新闻、娱乐、体育、生活、健康等多个领域，不同视频网站一般都会根据自己的优势来制定相应的发展方向，以实现内容的细分化、差异化。

酷6网是致力于“媒体化”的视频网站代表，并把新闻类内容生产当作“媒体化”转型中很重要的一块内容来运作。近年来，酷6网积极参与了2008年北京奥运会、2009年国庆大阅兵、2010年春节联欢晚会等重大事件的直播报道，并于2010年6月以1500万元从CNTV购买了南非世界杯的转播权。在对重大事件进行报道的过程中，酷6网逐渐形成了自己的栏目体系，如在体育方面，就有《疯狂球迷24小时》、《非球勿扰》、《韩瞧世界杯》等具有强大号召力的创新性节目。除酷6网外，将目标定位于“中国最大的网络视频新闻平台”的第一视频在新闻栏目制作方面也有突出表现，已成为继新华网、人民网之后的中国第三大新闻评论网，其着力打造的新闻评论类系列栏目《直播天下》、《坐视天下》、《娱乐天下》、《星光天下》、《星财富天下》等都具有相当的影响力。

自制栏目中的另一“重头戏”是娱乐节目。2007年1月在搜狐网上线的娱乐脱口秀节目《大鹏嘚吧嘚》一直拥有较高人气，在第1届玛克思未来影像季上荣膺“最佳网络综艺节目”称号。2012年，爱奇艺引进风靡法国的恋爱交友真人秀节目《Date My Car》的国内版权，打造了“以车识人，为爱牵手”大型婚恋交友真人秀节目《浪漫满车》，第一季上线后，节目流量很快冲破千万，进入百度综艺风云榜第34位的排名。2012年5月优酷网推出的互联网真人秀类节目《我是传奇1——音乐季》，上线仅三天正片及花絮总播放量即超过1100万，刷新了中国互联网自制节目播放量、访问增速、关注度等最高纪录……此外，由英达、柳岩主持的健康综艺节目《健康相对论》、由朱丹主持的高端真人秀访谈节目《青春那些事儿》也受到热捧。

第二节　网络微视频文本的形式表征

不同类型的网络微视频文本在题材选择上或关注自我或放眼世界，在风格上或幽默搞笑或温情伤感，在创作手法上或粗糙或精良，但无论哪一种类型，作为网络文本，都需要满足一个基本的条件，即根据网络传播特点和网民的观看习惯进行生产，同时作为“微”视频，它还兼具“微时放映”、“微周期制作”和“微规模投资”的特质。因此，海量的网络微视频在形式和内容上必然存在诸多共性。形式上的共性体现为：碎片化、互文性与开放性，内容上的共性体现为：影像表达的个人化、题材视角的平民化与叙事语言的网络化。这些特征与网络传播的特征与要求是高度契合的。

一、碎片化：浓缩的去中心化文本

碎片化是网络微视频形式上最重要的特征。这种碎片化既体现为单项传播内容所需时间的短少，也体现为内容结构的浓缩化和去中心化。

《每个人心中的电影院》导演之一、俄罗斯大导演安德烈·冈察洛夫斯基曾说过：“短，比长有更高的要求。”网络微视频在传播过程中往往以碎片化时间为单位，集中讲述一个故事或传递某种理念。为达到短时间内引发网民情感共鸣、吸引网民全身心投入的目的，微视频往往主题明确、矛盾单一、结构简单紧凑，情节高度浓缩，尽量减少细节刻画，它改变了“开端—发展—高潮—结局”的传统叙事结构，将无关紧要的铺陈和背景介绍一概免去，开端和结局被尽可能压缩，有时发展甚至被省略，而是以大篇幅展现受众最感兴趣的高潮。曾获金考拉国际华语电影节最佳短片奖的动画短片《北京房事》，采用 motion graphic 的方式将北京房价的数据形象化，在短短 5 分半钟内就完成了对房子的历史、居住面积、高房价以及房子的生态环境的叙述，充分表现了“房价虚高，理性买房”的主题。微电影《李雷的 2012》从 80 后的语文课本中寻找人物，4 分钟时间便将励志片、爱情片、灾难片杂糅在一起，时间跨度大、高潮迭起，结局更是出人意料。这种极简的讲述方式凭借对叙事节奏的准确把握、镜头的迅速切换、爆炸式的悬念处理手法，能够充分调动观者对艺术作品的探求意识，体现出较高的艺术水准。此外，为了在短时间内凸显主题，微视频在视觉呈现方面十分注意对画面信息的优化，视觉元素的符号象征意义明显，往往一个特有的元素就能概括出一个时代的特征，一个黑白镜头就能说明回忆的全部内容。微电影《闺蜜》中李冰冰的白衬衣、百褶裙、瓷脸盆等符号元素，立刻就令观众对画面所表征的 20 世纪 90 年代的校园生活心领神会。

传统影视剧通常紧紧围绕一个中心展开，网络微视频在超媒体的支撑下，可以采用“去中心”的表现方式，尤其是在微电影里较为常见。超媒体为网络微电影构造了一种无限的可以不断中心化的体系，电影的中心和焦点是不确定的，是永远处在变化之中的。影片在表达情感或描绘场景时可以通过多维指针来作进一步的延伸，观众凭借自己的兴趣以及知识结构等确定进入的角度和发展的线索。《175 度色盲》是一部结合真人拍摄与 2D、3D 动画和网络软件制作而成的网络电影，影片按集分类，将故事进行细致切分，每段影像不超过 2MB 大小。无论是跳跃式的剧情、不断闪烁的画面，还是抽象晦涩的字幕说明，都给人一种后现代式的、破碎的不完整之感。影片本身构成了一个独立的网站，网页上有很多关键词：手机、Peggy 的包裹、摄影展、寻羊冒险记等。只要点击其中的任何一个，都可以看到相对应的文字和影像，网友可以依据喜欢的顺序观看任何一个片段并与之互动，以决定主角达五或者马琳的未来命运。

在网络视频行业，以分享为目的的技术创新正在以同样的方式，将视频传播带入碎片化分享时代。如百度旗下的爱奇艺网站自 2010 年 4 月上线开始，就在业内率先推出了视频片段分享功能，通过这一技术，用户可以用简单的操作拖曳前后两条进度条来选定该视频某一特定时段的内容片段，并用嵌入代码的形式将其转帖分享到包括新浪微博、腾讯微博、人人网、开心网、百度贴吧等多家国内主流的 SNS 平台上，整个过程也只需要点击 4 次鼠标，非常方便高效。2011 年 4 月，爱奇艺又推出了截图分享功能，与片段分享功能一道，为用户提供了动手解剖电影的“工具套装”。通过这一功能，热爱影视作品的用户，不但可以根据自己的喜好将大片、热剧化整为零，挑出最喜爱的画面、片段，更可以轻点鼠标，即时分享给自己在微博、社区中的粉丝①。

微视频碎片化特征的形成，主要基于现代社会忙碌紧张的生活节奏。人们的大段时间被工作占领，休闲娱乐时间被切割成小段，只能在工作间隙、上下班途中得以间断地休息，他们希望在最短的时间内获取最多的信息。在“微时代”，媒体的表现因人们消费媒体的需要而不断改变。优酷网总编辑朱向阳说：“优酷的微电影全部是基于实践的摸索，当我们发现人们没有时间看 40 分钟或者更长的视频的时候，我们就会想，为什么不让它短一点？”② 短小精悍的微视频符合现代人的生活状态和接受心理，适合于移动状态和短时休闲状态下观看，

① 金朝力. 奇艺将视频传播带入碎片化分享时代［N］. 北京商报，2011-4-13.

② 胡泳.“微时代”来临：更多表达，更加浮躁［DB/OL］. http://huyong.blog.sohu.com/173078632.html.

有效填补了网民的“碎片化”时间，让网民情绪在短时间内集中释放，注意力经济被放大到史无前例的地步。但碎片化同时也意味着信息的快餐化、平面化、即时消耗化，无法表现厚重的、富有思辨性的主题，“浅阅读”之下深度的情感体验也相应缺失。

二、互文性：对其他文本的吸收利用

互文性（intertextuality）又称文本间性，是当代西方后现代主义文化思潮中产生的一种文本理论，由法国符号学家朱丽娅·克里斯蒂娃在1969年出版的《符号学：意义分析研究》一书中率先提出：“任何作品的文本都是像许多行文的镶嵌品那样构成的，任何文本都是其他文本的吸收和转化。”[①] 互文性概念表明，任何文本都存在于巨大的、涉及多样文体与媒体的“文本宇宙”中，没有一个文本是独立的孤岛，“文本离不开传统，离不开文献，而这些是多层次的联系，有时隐晦，有时直白”。每一单独的文本都不是独立的创造，而是与其他文本有关联，都是对旧文本的改写、复制、模仿、转换、拼接等。不同文本之间相互参照，彼此牵连，形成一个潜力无限的开放网络。不仅如此，这一概念还深化了我们对于创作者和阅读者之间交互的理解，正因为作者与读者在某种程度上享有共同的知识背景，或者说作者与读者之间并不存在鸿沟天堑，互文性才得以实现。

源于技术提供的便利，互文性成为网络微视频的一个重要特性，主要表现为媒体间的互文，即在网络微视频中“大量地以借用、组合、模仿、反讽、改造等方式有意识地利用其他媒体文本的内容和形式，在此类文本中能获取多大的乐趣部分取决于受众对于不同媒体文本的了解程度”[②]。例如，网络恶搞视频中较为常见的一种手法，就是直接对已有影视作品的素材进行移植和拼贴，并辅以“重新配图”或“重新配音”的方式加以改造，以达到戏仿效果，如《分家在十月》之于《列宁在十月》和《列宁在1918》、《一个馒头引发的血案》之于电影《无极》、《闪闪的红星之潘冬子参赛记》之于电影《闪闪的红星》、《四级考试之色戒》之于电影《色戒》、《性命呼叫转移》之于电影《命运呼叫转移》等。其余被模仿的对象还有知名人物、知名文学作品、流行歌曲、动漫、游戏、

---

① 朱丽娅·克里斯蒂娃．符号学：意义分析研究［M］//转引自朱立元．现代西方美学史．上海：上海文艺出版社，1993：947．

② 殷乐．当代传播的互文性与景观娱乐［J］．中国社会科学院院报，2008（3）．

广告等。这样一来，微视频可以通过“引用”已有的流行文化内容来直接引发受众联想，较为轻易地俘获新的受众。

值得注意的是，网络微视频生产中的互文现象极易导致侵权纠纷，或者产生大量将优秀文化作品、文学形象曲解、篡改、颠覆得面目全非的低俗文化产品（如对红色经典的恶搞）。微视频中互文性的边界在哪里，这是一个与网络伦理法制建设密切相关的问题。

三、开放性：可书写的交互式文本

文本的开放性也即文本的可书写性，意指在艺术作品和观众之间除了传统的“传—受”关系之外，还应该存在“可书写”的关系，接受者可以根据艺术作品提供的信息自由地选择，而且可以自由地改写和重写。

文本的开放性或可书写性概念源于用以分析文学作品的符号学、结构主义等理论。意大利学者艾柯较早提出，文本分为开放和封闭两种，开放的文本（open text）蕴含多种含义，是允许丰富而复杂地阅读的文本，要求阅听人参与，封闭式文本则相反。法国结构主义学者罗兰·巴特则将文本做了可读文本（the readerly text）与可写文本（the writerly text）的区别。简单说来，前者吸引的是一个本质上消极的、接受式的、被规训了的读者，这样的读者倾向于将文本的意义作为既成的意义来接受，是一种相对封闭的文本，易于读者阅读，对读者的要求甚微；相反，后者则不断地要求读者去重新书写文本，并从中创造出意义①。在罗兰·巴特看来，那些允许读者参与其中，让读者也成为生产者的可写性文本才是“理想化文本”。在此基础上，约翰·费斯克在1987年出版的《电视文化》一书中提出了电视文本是开放的，是生产者性文本（the producerly text）的观点。费斯克认为，电视文本既有可写文本的开放特点，又有可读文本的易懂特点，是一种生产性的文本。这种文本为了满足多种多样的观众，它必须允许阅读中存在大量的文化差别，因而必须在符号中留出相当大的空白，以便亚文化可以用来协和，来形成他们的意义，而不是发行人想提供的意义。这也是电视文本能够流行的一个原因②。

---

① 约翰·费斯克．理解大众文化［M］．王晓珏，宋伟杰，译．北京：中央编译出版社，2001：147．

② 孔令华，张敏．费斯克的生产性受众观——一种受众研究的新思路［J］．南京航空航天大学学报：社会科学版，2005（1）．

影像文本的这种开放性正是目前信息传播领域所普遍追求的“双向、互动”的体现。在网络时代，传统影像作品日益暴露出封闭、静态的缺陷，观众在欣赏影片时，只能被动地接受，根本无法根据自己的审美需求对其进行修改或转换。观众对这样的作品来说仅仅是单纯的消费者。观众和作品、观众和艺术家之间的对话性关系是不存在的。即使有，也多发生在观者的审美想象之中。

网络技术促进了网络微视频的开放性。微视频是采用计算机网络以及相关设备创作出来的，是以数字化的形式存在的，这使得微视频文本在创作、传播、欣赏、修改、复制等环节上获得了空前的自由度，从而突破了传统影像文本单调的封闭性模式。比如，在弹幕视频中，网友的评论可以出现在视频之中，其他人也可以一边看视频一边同步发表评论，即所谓的“即时吐槽”。视频中评论以飞行形式横穿屏幕，当某部视频有很多评论时就会产生如同无数导弹飞过的效果。

根据尼葛洛庞帝的说法：“数字化高速公路将使‘已经完成、不可更改的艺术作品’的说法成为过去时。给蒙娜·丽莎（Mona Lisa）脸上画胡子只不过是孩童的游戏罢了。在互联网络上，我们将能看到许多人在‘据说已经完成’的各种作品上，进行各种数字化操作，将作品改头换面，而且，这不尽然是坏事。我们已经进入了一个艺术表现方式得以更生动和更具参与性的新时代，我们将有机会以截然不同的方式，来传播和体验丰富的感官信号。……数字化使我们得以传达艺术形成的过程，而不只是展现最后的成品。这一过程可能是单一心灵的迷狂幻想、许多人的集体想象或是革命团体的共同梦想。”[1]

网络超媒体系统的庇佑则使得微视频文本的开放性如虎添翼。超媒体使得网络微视频成为一种和多种媒体交互作用的艺术作品。文字、图画、声音、影像等种种异质元素在“超媒体”结构中融合在一起，并且不停地进行着彼此之间的转换。观众在欣赏微视频的同时，可以搜索到相关的演员访谈及背景资料、预告片、拍摄花絮等。不仅如此，在超媒体系统的支持下，微视频文本内部也呈现为一种立体化的存在状态。一个微视频文本可以拥有多个交互式的开放性节点，从而为网民留下了无限大的结构空白。从这个角度来说，微视频成了“最具修正性的艺术品”，其文本“不再是静观的对象，而是一种行动的过程，

---

① 尼葛洛庞帝．数字化生存［M］．胡泳，范海燕，译．海口：海南出版社，1997：261-262.

它要求被书写、修正、回答、演出”[①]。

于是，当网民在线欣赏《天使的翅膀》这类需要参与互动的微视频时，面对的不再是最后的成品，而是作品形成的过程。微视频的接受过程也就成了一个大众共享的创作过程。观众、导演、编剧、演员等原本定位明确的角色，在这里都成为不确定的因素。因此，网民不仅要了解微视频的基本结构，还要掌握一定的多媒体制作、处理、合成的技能才有可能进入其中，并且按照自己的意愿自由地对影像结构进行重新组合，从而获得更为直接、更为个性化的审美体验。

第三节　网络微视频文本的内容表征

一、“开麦拉是一支笔”：影像表达的个人化

20 世纪 40 年代，我国著名导演沈浮提出了将摄影机当作一支表情达意、探幽析微的笔，用以自由表达个人风格和情感的电影观：“实在说，我现在看‘开麦拉’（camera，即照相机，笔者注）已不把它单纯的看做‘开麦拉’，我是把它看做是一支笔，用它写曲，用它画像，用它深掘人类的复杂矛盾的心理。”[②] 在同一时期，法国新浪潮导演亚历山大·阿斯楚克于 1948 年在《法国银幕》杂志上提出了“摄影机钢笔论”，他认为电影已成为一项具有独特语言的自主艺术，用于书写人们内心的感受，并倡导依此观念而来的电影艺术家不仅仅是导演，也需自撰剧本，从而能主动控制整个电影艺术创作的过程。在微视频时代，北京大学艺术学院副教授、青年导演陈宇又提出了“摄影机签字笔时代”的概念，认为随着微电影产业的高速发展，微电影恰如价廉质优，不用吸水即可“速写”的“签字笔”，已经代替了“钢笔”，成为最佳的摄影机“代言人”，随时随地地书写草根文化[③]。

这种影像自由书写的可能与我们所处的时代及其特征密不可分。早在 20 世纪末，美国学者尼葛洛庞帝在《数字化生存》一书里就已经宣布了后信息化时

---

① 朱立元. 当代西方文艺理论［M］. 上海：华东师范大学出版社，1997：383.

② 沈浮. “开麦拉是一支笔”——访问记·谈导演经验［J］. 影剧丛刊，1948（11）.

③ 林毅. 北大艺术学院副教授陈宇：用微电影书写梦想［DB/OL］. http://ent.qianlong.com/4543/2012/04/24/3442@7895910.htm.

代的来临，并称这一时代的根本特征是“真正的个人化”，“大众传播的受众往往只是单独一人”①。尼氏的这一论断，是基于后信息社会的媒介正变得越来越人性化，越来越适应个人需求的状况。

对于微视频艺术来说，其兴起和发展符合网络时代的精神，满足了网民的个性化需求。与传统媒体信息生产有所不同，除了专业组织发布视频之外，网络微视频还包括大量网民个体制作发布的各类视频节目，影像创作的个性化特征鲜明。依托于先进的媒介技术和“傻瓜式”的视频制作器材，微视频的制作和上传对于参与生产的普通网民而言成为一种个人化的行为。不少原创微视频作品从创意、导演、画面制作到配音都由网民单独完成。

以 80 后知名新媒体短片制作者、编剧、导演“叫兽易小星”的早期作品为例。2007 年前后的“叫兽”完全是网络视频草根一个，没有专业设备和知识，仅仅是凭着自己内心深处对视频制作的爱好，用最简陋的装备摄像头，凭一己之力打造了一系列让网友印象深刻的搞笑视频。在《叫兽讲解拳皇》、《叫兽讲解超级玛丽》、《叫兽讲解魔兽争霸》、《叫兽教你练神功》、《圣斗士大战葫芦娃》、《刘德华大战周杰伦》等视频中，“叫兽”戴着面具，给大家讲如何玩游戏，如何练神功，诙谐幽默的台词和令人惊奇的剧情总能让人捧腹大笑、欲罢不能，由此“叫兽”赢得无数粉丝的顶礼膜拜，被誉为“另类思想者”。

获得第 26 届德国柏林国际短片电影节国际竞赛单元评委会特别奖、第十二届日本 TBS DigiCon 6 总决赛金奖、首届金鹏奖中国国际新媒体短片大赛“网络人气奖”及“金鹏奖评委会主席裹奖”等国内外无数大奖的 16 分钟原创动漫短片《打，打个大西瓜》，由草根杨宇历时 3 年半的时间独立完成。其间杨宇辞去了工作，几乎没有关注过外界的事情，也没有任何收入，全靠母亲微薄的退休工资度日。杨宇的理想是做一个原创漫画家，他说：“这个故事里面，其实就是一些人生的感悟。因为我发现人在这个世界上，很少有真正能够自己做决定的时候。每个人活在世界上，都和周围的环境、人、物都有着千丝万缕的联系。所有的人活着其实很多时候都是被线牵着，没有自己的选择，所以那两个人（动画片中的两位飞行员——笔者注）最后发现了其实人生最大的财富就是找到自我。”

这种个人的自我影像创作是与代言人式创作相对的姿态，其核心是坚守个人的价值立场，摆脱各种外在的羁绊，从个人视角来讲述个人感受、体验、理

① 尼葛洛庞帝．数字化生存［M］．胡泳，范海燕，译．海口：海南出版社，1997：191.

解和叙事，是对世界的个人化观照，诚如学者戴锦华说的“所谓个人化，是只从个人的视点、角度去切入历史”。以“我来拍电影”的方式凝聚一部影像作品，由此产生的文本往往与创作者的个人经历、伦理立场、表达方式、制作水平等密切相关，既是个体情感的宣泄和个性的抒发，又是个人风格和影像言说的塑造，一般并不具备明确的利益动机，是典型的个人化影像书写。

微视频影像表达的个人化还意味着情感表达手段的个性化与多样化。《中国队勇夺世界杯冠军》、《我爸是李刚》、“张小盒”系列动画等带有恶搞性质的作品，运用“理性的倒错”等特殊手法，通过对美的肯定和对丑的嘲讽两种不同质的情感复合，创造出一种充满情趣而又耐人寻味的境地，促使接受者直觉地领悟到它所表达的真实态度，从而产生一种会心微笑的特殊审美效果，是情感表达幽默性的生动体现；实验DV短片、先锋Flash动画、艺术短片则多采用意向化的情感表达方式，以彰显意境美为主要目的，注重镜头的表现力，往往抒发情绪的诉求大过叙事明理，善于引发观看者内心深处的情感共鸣；由11位年轻新锐导演执导的《11度青春》系列短片，通过穿越、奇幻、悬疑、爱情、友情、怀旧、欢喜、愤怒、悲壮等关键词，多角度呈现了“青春、奋斗”的主题，以一种充满激情的“理性浪漫”，较好地诠释了情感表达的浪漫性。

二、契合大众审美趣味：题材视角的平民化

当个人行为发展成为规模化的群体性活动的时候，就表现为大众化。个人化是大众化的另一个方面，从个体着眼是个人化，从总体来看就是大众化。网络传播面广、互动性强、超时空传播等特性，使网络微视频生来就带有大众化的烙印：影像创作参与者规模庞大，来源和成分具有广泛性和多样性，这是大众化的起点；网民人数众多、视频观看成为网络主流应用之一是大众化的保证；大众化的突出表现，是微视频在选题、视角上与平民大众审美趣味和价值标准的高度一致性。

相比长视频而言，微视频尤其是网民原创的微视频通常并不追求深度意义和崇高价值，其关注重心也不在于风云变幻的国际国内形势，而是围绕日常生活取材，观照普通人的生活状态和情感体验。网络文本生产者与接收者之间平等对话的关系，决定了微视频的叙事视角既不能“仰视”，也不能“俯视”，只能是“平视”——以平民化的视角来关注身边的小人物、小故事、小感觉、小悲剧、小趣味……许多创作者是生活的有心人，时刻留意捕捉身边点滴趣事和美好的、温情的、幽默的、值得记录的瞬间，或直接摄入镜头成为拍客视频，或经过艺术加工后以剧情微视频的形式表现出来。

一些以写实主义影像手法讲述某一群体生活状态的微视频，成为外界窥看该群体生活的极佳影像读本，如清华学生讲述校园夜谈生活的DV短剧《清华夜话》；以现实事件为蓝本创作的恶搞视频则往往针砭时弊、寓讽刺于幽默之中，既充满娱乐精神与狂欢色彩，又不完全以调侃、搞笑为目的，在对现实的揭露和批判之中闪耀着理性的光芒，在一定程度上起到了唤醒大众良知、推动社会进步的作用，如“优酷牛人”司文痞子的《食品安全之歌》、《Selina复出调侃微博开房局长》、《陪你去看哈药六厂》等，“神曲专业户”刘咚咚的《上海滩》、《暴利游戏》、《血染的校车》、《甩饼歌》、《甩灯歌》、《甩蛋歌》等，土根文化音乐团体“南城二哥”的《好姑娘》、《大明星》、《大富翁》等；表现小人物生存状态的短片在不经意间可能就有某处情节扎进网民内心深处最柔软的地方，如李光洁导演的《幸福速递》、黄渤导演的《特殊服务》、席然导演的《外公的秘密》等微电影……对小人物倾注了深沉情感的“筷子兄弟”组合肖央和王太利这样解释微视频中的“平民化”情结：“我们拍的不是热闹，我们觉得小人物才有意思，我们认为这个世界上也根本没有英雄。”

据统计，在中国网民的年龄结构中，10～19岁的网民比例为24.5%、20～29岁的网民比例为30.7%、30～39岁的网民比例为23.4%；就学历结构来说，最大的两个群体是初中及高中/中专/技校，分别占到了36.1%和31.1%；职业结构中占比例最大的是学生和个体户/自由职业者，占到了25.1%和21.4%[①]。这意味着网络微视频的主要目标受众群体是学历偏低、没有固定职业的年轻受众。这就不难理解，为何相对较为专业化的网站自制剧/自制节目也以平民化的青春、时尚、偶像、娱乐路线为主，这正是为了迎合目标受众群的审美趣味，通过明星偶像的号召力来提升点击率。

三、小叙事消解大叙事：叙事语言的网络化

彼得·布鲁克斯认为“我们的生活不停地和叙事、和讲述的故事交织在一起，所有这些都在我们向自己叙述的有关我们自己生活的故事中重述一遍……我们被包围在叙事之中”[②]。叙事存在于我们的日常生活中，我们每天所接触的

① 中国互联网络信息中心．第34次中国互联网络发展状况统计报告［R］．北京：中国互联网络信息中心，2014．

② 阿瑟·阿萨·伯格．通俗文化、媒介和日常生活中的叙事［M］．姚媛，译．南京：南京大学出版社，2000：11．

媒介也在一刻不停地叙事，微视频同样有着自身独特的影像和叙事体系。

马克·柯里认为叙事“已按利奥塔的区分变成了大叙事（即宏大叙事）和小叙事两极，前者大而无当，后者小而美；前者是关于元叙事的幻觉，后者则是一种攻击的形式”①。大叙事（grand narrative）也称为宏大叙事或元叙事（mata-narrative），是法国哲学家利奥塔在1979年的《后现代状况——关于知识的报告》一书中提出的重要术语，它是指“科学知识合法化的叙事”。现在一般将“宏大叙事”解读为：“有某种一贯的主题的叙事；一种完整的、全面的、十全十美的叙事；常常与意识形态和抽象概念联系在一起；与总体性、宏观理论、共识、普遍性、实证（证明合法性）具有部分相同的内涵，而与细节、解构、分析、差异性、多元性、悖谬推理具有相对立的意义。”② 小叙事与宏大叙事相对，通常被理解为个人叙事、私人叙事、草根叙事或世俗叙事、日常生活叙事。作为一位后现代主义大家，利奥塔站在受压抑和被排挤的小叙事一边，认为现代社会视大叙事为正宗，以大叙事压制小叙事，是不公正的做法。不论大叙事多么冠冕堂皇，一旦它垄断一切，就会造成死水一潭的格局，不利于科学文化的发展。真正具有创造力的是许许多多生动活泼的小叙事，没有小叙事的自由发展，就不会有科学文化繁荣的格局③。因此，利奥塔批判宏大叙事的霸权，提出“简化到极点，我们可以把对元叙事的怀疑看作是后现代”。他认为在普遍适用的宏大叙事失去效用后，具有有限性的“小叙事”将会繁荣，赋予人类新的意义价值。利奥塔写道：“我们不再求援于大叙事——我们既不诉诸精神的辩证法，甚至也不诉诸人性的解放，为后现代科学言说确立合法性。但是，小叙事依然是想象发明的精髓形式，特别是在科学中。”④

当前，人类已经进入后现代社会，“在后现代的论辩中，有的叙事较之别的叙事成了牺牲品。具体来说，宏大叙事（grand narrative）成了批判的对象，而小叙事（little narrative）则依然故我”⑤。在大叙事受到普遍怀疑的后现代语境

---

① 马克·柯里. 后现代叙事理论［M］. 宁一中，译. 北京：北京大学出版社，2003：118.

② 程群. 宏大叙事的缺失与复归——当代美国史学的曲折反映［J］. 史学理论研究，2005（1）.

③ 张庆熊，孔雪梅，黄伟. 合法性的危机和对“大叙事”的质疑——评利奥塔的后现代主义［J］. 浙江社会科学，2001（3）.

④ Lyotard F. The Postmodern Condition［M］. Manchester：Manchester University Press，1984：60.

⑤ 马克·柯里. 后现代叙事理论［M］. 宁一中，译. 北京：北京大学出版社，2003：118.

中，有学者提出，随着新技术的革命、新媒介的涌现，影像文化开始走向边缘、走向民间。同时，影像文化的内容在后现代“碎片化”策略的影响下，也逐渐从宏大叙事过渡到小叙事，注重个体的话语表达和艺术的生活化[①]。毫无疑问，网络微视频是一种典型的“注重个体话语表达和艺术生活化”的小叙事，它与传统影像宏大叙事之间存在着冲突和抵抗。从叙事语言的角度来看，微视频叙事语言的网络化特征十分鲜明，主要体现为镜头语言和台词两方面。

首先，微视频的镜头多为中近景及特写，适合网络传播。长视频尤其是电影讲究大主题、大场面，因此其镜头多拍摄大远景、远景和中景，风光和环境的描写较为突出，偶尔穿插近景和特写。微视频时长较短、观看屏幕较小的特点决定了其创作内容的特殊性，在拍摄时，对构图、色彩、光线以及清晰度等方面都有特殊要求：很少采用远景，主要以中近景、特写镜头为主；在构图上往往强调主体清晰、背景模糊；在光线和色彩上通常选择光线明亮、色彩明晰的背景，这样会使整个画面较为清晰，保证拍摄的效果。

以《特殊服务》为例，片长 27 分 40 秒，开头至 3 分 40 秒的镜头如下：

中景：男主角走进房间，并坐到沙发上。

近景、仰拍：两幅版画挂在男主角身后的墙上，仿佛压在他的头上，仰拍也使画面呈现压抑感，突出了男主角的失意。配乐沉重，时有时无。

远景：男主角所处的房屋内景。

片名：淡入淡出。

特写：手指按下录音键。

特写：侧面拍摄男主角的脸，男主角说话，镜头随后遥至男主角脸的下半部，画面中只出现嘴巴和手机，男主角对着手机录音。

特写：男主角侧面，抿着嘴，表情沉重。

中景：男主角背对着镜头拉上窗帘。

特写、侧面拍摄：男主角低头对着窗帘。

特写：男主角抬头。

中景：男主角站在镜子前打开一张纸。

特写：靠近镜头处是桌上的身份证和钱包，离镜头较远处男主角放下那张纸、手机和香烟盒。

---

① 李小丽．新传媒时代的电影——从宏大叙事到小叙事 [J]．当代电影，2007 (2)．

近景：不规则画面，镜头拍摄男主角在电视中反射的身影。

中景：镜头拍摄男主角坐在电视前的背影。

中景：镜头从斜上方俯拍男主角侧面背影。

近景：镜头拍摄男主角在电视中的虚像。

特写：男主角脸部。

特写：男主角脸的上半部，镜头跟随眼泪摇至男主角下巴。

中景：男主角对着镜子摘下眼镜，擦干眼泪，重新戴上眼镜并站起身，脱下西装。

《特殊服务》影片开头，多为中近景拍摄，特写镜头占据了镜头的大半，很好地体现了一个生意失败而心灰意冷的男人的压抑和苦闷，台词为男主角的内心独白。全片晃动的镜头处理，造成现场的观察感，虚拟和现实重合。

其次，微视频的台词更为口语化，多网语、方言、戏谑语、夸张语，词汇丰富鲜活、充满创意。网民原创微视频的网络风格尤其明显，频繁地出现一些网络原创语汇，或轻松、或直白、或调侃、或犀利，有的土得掉渣、有的俗得可爱、有的庸得无聊。

周星星的“麻辣喜剧”系列着力嘲讽社会丑恶现象，频繁替网友说话，自称“微电影界的韩寒”，其语言风格充满周星驰式的无厘头和冷幽默。以其中的《天上人间》为例，大闹天宫的孙悟空被二郎神追杀，逃到了人间，本以为变成凡人（小贩、城管、富二代），会躲过来自天上的追杀，但人间其实处处危机四伏，甚至比天上更可怕。

（富二代酒后无证驾驶，将化身城管的孙悟空暴打一顿后，驾车逃逸。二郎神拦住富二代的豪车，想向他示好，以下为部分对话）

富二代：你知道我爸是谁吗？

二郎神：啊……

富二代：你知道我舅舅是谁吗？

二郎神：啊……

富二代：你知道我后妈家我舅舅是谁吗？

二郎神：你家这些亲戚，俺都不认识……

富二代：不认识，我今天让你认识认识。（抽出大砍刀向二郎神砍来）

二郎神：……

富二代：我爸是李刚刚，我爸是李刚刚！我告诉你，甭想告我去。你知道吗？我爸是电视台台长，我后妈家我舅舅是法院的院长。我有四十多个文凭，还有，是优秀的。

二郎神（抽泣）：俺舅舅是玉皇大帝，俺都没你这狂……

（正在此时，受到启发的孙悟空也化身富二代，开着豪车过来嘲笑二郎神）

孙悟空：看到没？我爸是李刚刚。宝马车，牛逼车牌儿（城NB59488）。你逮不着我了吧，气死你气死你气死你。

二郎神：这臭猴子，啥时候学会拼爹了呢？逮不住他，这个月的奖金又没了。我也得请个爹去。

（以下为王母娘娘和太白金星讨论如何对付孙悟空的台词）

王母娘娘：我用三聚氰胺的奶粉，我灌死他，这叫杀人不见血。

太白金星：杀人不见血的办法多了，哼！看我这杀人不见血的法宝。我用有残留农药的蔬菜，我毒死他。

王母娘娘：我用地沟油炸的油条，我腻死他。

太白金星：我用瘦肉精做的火腿肠，我噎死他。

王母娘娘：我用染色馒头，我……染死他。

全片中类似这样充满讽刺调侃的台词随处可见，如“我爸是李刚刚”、“拼爹”、“三聚氰胺奶粉”、“地沟油”、“瘦肉精”、“染色馒头”等均是当时的网络热词，是对丑恶社会现实的影射。

以青年群体为主的网民具有突破陈规、求新求异的心理特征，他们往往追求时尚、富有创造力，因而网络语言中颇多奇思妙想，大有“语不惊人死不休”的劲头。网络流行语“给力”就出自中国传媒大学南广学院学生上传网络的一段日本动画片的中文配音版。这四名男生组成的网络配音小组名为“cucn201”，他们根据自己对日本动画片《搞笑漫画日和》剧情的理解，重新添加台词，在其中加入了大量学生宿舍中的流行语。在《搞笑漫画日和》之《西游记：旅程的终点》中，孙悟空的一句抱怨“这就是天竺吗，不给力啊老湿”言简意赅又传神，令“给力”一词一炮而红，迅即风靡网络，并于2010年11月10日出现在《人民日报》头版标题《江苏给力“文化强省”》中，引发舆论强震。2013年8月6日上线的网络剧《万万没想到》集结了“叫兽易小星”（导演）、“至尊玉”（编剧）、“cucn201 白客”（主演）、“cucn201 小爱”、“刘循子墨”、“老湿”等一线新媒体影像代表人物，因而夸张、幽默的台词成为该剧的一大亮点，如“我的生涯一片无悔，我想起那天夕阳下的奔跑，那是我逝去的青春”、“升职加薪，当上总经理，出任CEO，赢取白富美，走上人生的巅峰”、“大自然的规律还真是没法改变呀”、“点32个赞”、“想想还有点小激动呢”等，受到网友们的疯狂追捧，被誉为真人版日和。

在网络微视频中，“额滴个神”、“我勒个去”、“屌丝”、“高富帅”、“白富美”、“二逼青年”、“坑爹”、“小清新”、“神马都是浮云”等热门词汇比比皆是，充满了网络语言活泼率性的风格，当然许多时候也流露出网络语言的“俗”和“庸”。这些新的词语被创造出来之后，影响力往往迅速扩散，成为大众和媒体认可并乐于使用的流行语。总之，网络微视频较传统长视频拥有更为自由的生长环境，在台词方面也显示出更强的表现力和感染力。

西美尔指出：“现代生活最深层次的问题来源于个人在社会压力、传统习俗、外来文化、生活方式面前保持个人的独立和个性的要求。”[①] 对于积极参与制作和上传微视频作品的一般大众而言，微视频的制作是相对个人化的行为，这给文本打上了鲜明的个人风格的烙印。同时网络的开放性使得微视频文本有了与受众进行参与互动的可能，在受众那里，这些微视频也成为具有不同可能性的“个人化”文本。个人化的另一面是大众化。无数普通个体加入生产者行列，令微视频无论在形式上还是在内容上都呈现出大众化的特点：很明显，形式上的碎片化意味着即时消费性，互文性经常表现为对经典的挪用解构，这都是大众文化的常用策略。平民化的选材和视角、网络化的叙事风格中，也流露出浓重的大众化的气质。大众化与个人化这两种看似不同的特质，在网络微视频文本中达到了和谐统一。

---

① 齐奥尔特·西美尔. 时尚的哲学［M］. 费勇，译. 北京：文化艺术出版社，2001：186.

第五章 意义解码：网络微视频生产的媒介文化功能

美国著名文化学者尼尔·波兹曼在《娱乐至死》中提出："和语言一样，每一种媒介都为思考、表达思想和抒发情感的方式提供了新的定位，从而创造出独特的话语符号。"互联网既是原有传播媒介的延伸，也是具有解构和建构意义的新的传播平台，对人类生活产生了巨大的影响。同样，依托于互联网平台之上的微视频作为一种新的影像传播形态，对媒介文化的发展有着不可忽视的意义和影响。对于个人来说，微视频"使每个人变得更容易接近，让渺小孤寂者也能发出他们的心声"，为草根阶层在互联网世界里构建了一个张扬个性、抒发情感、表达自我的视觉文化平台，是展示青年亚文化的重要舞台。对于社会来说，这一私人化、平民化、普泛化、自主化的传播形态，由于其广泛的参与性和表达的自由化，越来越显示出"公共媒体"的特性，是正在形成中的网络公共领域的重要组成部分。对于传媒产业来说，随着视频网站内容制作能力的提升，微视频开始向传统媒体的反向内容输出，进一步加深了网络媒体与传统媒体在影像内容上的相互依赖与整合。

第一节 网络独立短片中青年亚文化风格的呈现

简单地说，网络独立短片[①]就是以网络为主要传播媒介的一种时长较短的

---

① 在此之所以用"网络独立短片"一语而非"网络微视频"这一笼统概念，原因在于并非所有网络微视频都能被划入独立影像范畴。

独立影像作品。因此在谈论网络独立短片之前，有必要厘清独立影像这一概念。从字面上看，独立影像是在没有任何外界控制下制作完成的影像作品。在通常情况下，判断一部影像作品是否“独立制作”可以有以下三种方式：

（1）在“身份”上是否独立于主流体制之外。即制作人（或制作公司）与主流体制之间不存在行政法律意义上的隶属关系或股权上的关联关系为“独立”。

（2）在制作资金的来源上是否独立于主流体制。这是最常见的一种判断方式，凡主流体制投资的作品通常就不是独立制作。

（3）在拍摄和播映上是否具有“合法性”。中国的影视制作的合法性可以简单归结为两点：制作资格和流通资格。

通常人们提到中国的“独立”制作影像，往往是依据第三种标准，即在各个特定时期内没有履行相关申报申请程序或申报申请因各种原因未获得批准许可的主流体制之外的作品，它们或者没有出品权而自行拍摄（缺乏“制作资格”），或者没有通过审查或未经批准便擅自出国参赛参展（缺乏“流通资格”），或二者兼而有之[①]。有论者认为，在中国，就操作层面而言，由于在过去相当长的一段时间里，中国的影视行业是一个高度计划完全国营体制封闭的垄断性领域，所谓独立影像是指没有进入这种体制内的审批程序或者没有在体制内的主流媒介渠道播映的影像作品。同时，这一概念有时又暗含一种意识形态的期待与想象：他们指向一种精神，尽管文本是否包含，以及到底包含多少这种精神，并不确定，但它们还是经常被赋予一种对抗性，一种拒绝粉饰现实的独立性[②]。

中国的独立影像兴起于20世纪90年代，在种种限制之下，“整个1990年代独立电影以手抄本方式流传，完全局限在一个由极少精英知识分子组成的小圈子里，根本无法面向公众敞开”[③]。进入21世纪，当网络技术与网络文化的影响在公众生活中全面渗透、迅速铺开之时，网民实现了对制度、经济和技术的门槛的轻易跨越，无需专业背景，无需大量资金投入，甚至一台DV都不需要，仅仅凭借网络上搜集到的音视频素材就能完成影像的生产和传播，独立影像作品终于迎来了它的美好时代，在网络上以独立短片的形式遍地开花。

---

① 詹庆生，尹鸿．中国独立影像发展备忘（1999—2006）［J］．文艺争鸣，2007（5）．

② 闫新．网络时代中国独立影像的内容生产与媒介生存［J］．当代文坛，2012（1）．

③ 张亚璇．无限的影像——1990年代末以来的中国独立电影状况［J］．天涯，2004（2）．

网络独立短片的生产者以青年群体为主，在社会上多处于从属地位，但他们思维活跃、渴望表现与认同、常有反叛主流的冲动，对社会和人生既有迷茫困惑，也有自己独特的见解，其作品具有典型的青年亚文化（youth subculture）的特质。

所谓青年亚文化，可以概括为年轻人为了有别于主流文化而创造的他们自己的文化，以“叛逆”为主要色彩，以示青年文化偏离、排斥甚至对抗“成人文化”或“主流文化”的总体趋势①。由于青年亚文化涉及边缘文化、弱势群体对主导（主流）文化和权力的抵抗，经常成为学者及社会的讨论焦点。根据伯明翰学派的研究，20世纪六七十年代，二战后英国出现的诸多青年亚文化通过音乐、服装、发型等壮观的外在表现形式，形成惊世骇俗的风格，对支配阶级和霸权进行“象征性抵抗”，同时积极发展内部认同坚定的亚文化群体，塑造相互感知的身份，从而作为对主流和成人文化将他们边缘化、无意义角色化以及缺乏认识的反应。今天，我们所处的时代已发生了翻天覆地的变化，互联网信息丰富、实时交互、允许匿名及多重身份表达的种种特性，不仅为青年亚文化成员寻找志同道合的“圈内人”、寻求身份归属和集体认同构筑了虚拟空间，还使得青年亚文化的表达类型突破了以往固定、传统的表达方式，由单一转向全面，综合文字、图片、影像、声音等多媒体手段，充分自如地建构起属于自己的文化类型。

在网络微视频的发展初期，涌现出了众多反叛色彩极强、以表达个人情感为旨趣的作品，令人惊喜于这一蕴含清新气质的、“真正无功利、个性化”的新媒介文化形态。即便在商业力量大规模介入微视频生产之后，仍有不少怀揣梦想的作者在坚持创作此类作品。具体来说，当前网络独立短片中的青年亚文化风格主要体现为以下两方面：

一、自我的张扬表达

世界观、人生观、价值观正在形成中的青年群体表达欲和表现欲极强，他们在媒介精英主导的影视制作体系中鲜有发声的机会，但在提倡“人人都是生活的导演”的网络视频领域，却获得了空前的表达自由，他们以一种“公开与私密相结合”的影像传播方式充分地张扬个性、展示自我，体现出网络独立短片生产不同于传统商业制作的一个鲜明特点，即生产视角的“向内转”——转

① 陆扬．文化研究概论［M］．上海：复旦大学出版社，2008：302-303．

向创作者隐秘的私人空间：家庭、童年、欲望、性、痛苦等。

自拍短片是表现拍摄主体对“自我”极度关注的一种微视频类型。莎士比亚说过：“整个世界就是一个舞台，所有的男女都是演员。他们有各自的入场和出场，一个人在一生中扮演许多角色。”[①] 社会学家戈夫曼在此基础上发展出“拟剧论”，又称“印象管理理论”。在网络时代，一些独立短片的生产者正以一种过去难以想象的、类似行为艺术的方式来进行自我印象管理：一些自拍作品甚至没有主题和连贯的情节，仅仅由一些零碎的话语片段组成，或是身体某一部位的展示，不少带有情色意味的数字短片更是以一种颠覆的姿态，挑战主流媒介的道德话语，从离经叛道的对身体的放肆中传达出对已经形成并固化的禁忌、惯例、秩序的挑战，从而获得精神的解放和逃避社会规范控制的快感，创造属于自己的文化空间。

以表达青春的喜悦、迷茫、彷徨、苦闷、颓废心态的微视频数量也相当可观。这些微视频的故事基调包含浪漫、忧郁、感伤和叛逆等情绪，画面和音乐往往十分唯美，情节跳跃，贯穿着主人公大段大段的内心独白，这种自言自语式的叙述方式传递出创作者强烈的倾诉欲望。微电影《再见青春》以一个即将毕业的大四男生的视角展开叙述，以主人公的大段独白串联起对大学生活的各种片段式回忆。《写在某些日子以后》基本上是一个人的情感絮语，诗化的字幕语言、静态图片、黑白画面、低吟式的音乐，共同构成了“王家卫式”的叙事基调。部分微视频充斥着异化感和破碎的自我意识，显示了青年亚文化群体与主导社会秩序之间的紧张关系，而且常常是用一种极端自我的方式呈现出来。南京艺术学院学生制作的微电影《双面人的一天》，以怪异、夸张的形式表达了现代人生活的人性紧张，从侧面反映了亚文化群体对主导文化的恐惧。实验性微电影《裂变》则在单一视觉角度中以多次重复的方式暗示人的“裂变”与世界的“裂变”。

二、反叛的仪式抵抗

亚文化有时候可以被认为是一种反文化，直接在政治上以革命性的、激进对抗的方式对主导文化构成挑战，但这种直接对抗不会坚持很长时间。更多的时候，亚文化的抵抗往往是风格化的、仪式性的[②]。这种主要通过风格来完成

---

① 莎士比亚. 皆大欢喜［M］. 朱生豪，译. 北京：中国青年出版社，2013：52.

② 胡疆锋，陆道夫. 抵抗·风格·收编——英国伯明翰学派亚文化理论关键词解读［J］. 南京社会科学，2006（4）.

的抵抗牵涉到对原先属于统治集团财富的文化形式的利用和转换，借助已有的物品体系和意义系统，通过对这些物品的挪用和意义的篡改来实现。

网络独立短片常常采用拼贴（collage）、戏仿（parody）、反讽（irony）等手法，通过对既有的电影、歌曲、新闻等进行重新配音、填词、加新闻图片或动漫画面等方法，对文化产品及代表的制度进行利用、改造、抵制，从而创造出自己的意义空间。视频中所蕴含的反叛精神大抵通过以下三种方式来表达：

（一）对社会现实的嘲讽与批判

在市场机制下，势力强大、拥有资本的利益群体往往会成为竞争中的赢家，在法律制度不健全和市场规则尚不透明的市场经济国家，权力可能介入市场和资本相结合形成权力资本交换、共生和腐败等现象，从而形成拥有资本和权力的群体赢者通吃的现象，彻底破坏了市场竞争中应有的机会平等原则，同时破坏社会应有的基本公平和正义原则，导致大量弱势群体的利益受损。目前的中国网民正处在多元化与充满冲突的转型社会，日益觉醒的草根阶层维权意识空前强烈，但传统媒体所提供的意见发表渠道却不够通畅，于是通过网络平台表达对现实的不满、揭露隐藏的事实真相便成为常规渠道下个人表达和需求受限的替代性补偿。

2010年10月，一辆黑色轿车在河北大学新校区内超速行驶，造成该校学生一死一伤，司机不但没有停车，反而继续去校内宿舍楼送女友。据传肇事者在被学生和保安拦下后口出狂言："有本事你们告去，我爸是李刚。"后经证实，肇事者李启铭的父亲李刚是保定市公安局某分局副局长。该事件迅速引发声讨浪潮，网友们据此创作出大量相关视频以表达不满情绪，其中《痛批醉驾肇事官二代——我爸叫李刚》的视频引起热捧，该视频借用了流行歌曲《我叫小沈阳》的曲调和电影《头文字D》、《金刚》的画面。此外，以央视虎年春晚画面为素材的《楼市春晚》，将凤姐、"楼脆脆"、潘多拉星、炒房团、经适房抽奖五连号事件等年度房地产热点事件和网络流行元素，融入春晚开场秀、相声、歌舞、小品、贺电、广告等节目中，道尽楼市冷暖；以Adele的神曲《Rolling in the deep》改编而成，穿插市民街头采访和漫画图片的《涨价歌》，创作灵感源于国内成品油价格"破8"，物价上涨；以电影《喜剧之王》、歌曲《大约在冬季》等为蓝本的《最难就业季》，其背景是当今社会巨大的就业压力；挪用经典老歌《红星照我去战斗》的《红星罩儿去战斗》，表达了对某著名歌唱家之子李某某无证驾豪车并随意打人的不满；以流行歌曲《中国话》为蓝本的《360大战腾讯》，意在讽刺奇虎和腾讯两家互联网公司由于商业竞争不惜牺牲无辜互联网用户的利益，逼迫用户必须在“360安全卫士”和“QQ医生”（后升级为“QQ电脑管家”）两款软件中二选一。

（二）对主流文化和霸权的解构与颠覆

作为网络青年文化的代表，个体创作的微视频展示了“泛80后一代”理解世界和社会的另类视角，更展示了他们与前几世代之间在思维方式、审美取向上的巨大代际冲突——《无极》与《一个馒头引发的血案》即可谓此方面的典型案例。文学评论家、北京大学教授陈晓明评价道：“《一个馒头引发的血案》代表了‘系列文化’的产生。特别是网民，不再需要一本正经的东西，只需要乐一乐、闹一闹，这些作品表达了平民的态度，构成了对权威的嘲讽。‘系列文化’现在正在蔓延，在审美疲劳的时代，它重新触动了人们的神经。这是一个文化平民化的时代。任何公众都有权对文化产品作出自己的评价。权威受到了极大的挑战。在这个时代，精英文化和平民文化都有了快速的发展，平民对待问题不再盲从，形成了自己独特的看法，精英文化想超越平民文化越来越困难。”继《无极》之后，同样耗资巨大的《夜宴》和《满城尽带黄金甲》等商业大片也相继遭到恶搞。在冯小刚的《夜宴》面世之前，网上的恶搞图片就广为流传，且多达十数张，名字被改成了《晚饭》不说，站在红地毯上的章子怡，怀中还被“塞”进了一个自由女神像，旁边配文：不给奥斯卡，神像甭回家，意指美国人要拿一个奥斯卡最佳影片的小金人，来换取被章子怡“窃取”的自由女神像。一段名为《真相大揭秘》的视频，也拿《夜宴》开刀，在视频中，陈凯歌为挽回面子，派人威胁张艺谋拍一部比《无极》还烂的片子，后因张艺谋有执导奥运会开幕式的重任，转而要挟“任何时候都不会拍古装片”的冯小刚，遭暴打后的冯小刚不得不答应拍一部只能比《无极》差的片子……张艺谋的《满城尽带黄金甲》刚刚开拍20多天，网上就出现了一段约17分钟的同名恶搞视频。更有网友截取巩俐等人较为夸张暴露的剧照，以“中国版罗马帝国艳情史”为题在网上传播，以此讥讽《满城尽带黄金甲》刻意而为的情色意味[①]。此外，还有《满城尽是大波妹》、《丰胸学校》等网络恶搞视频在网络上流行，并获得了几十万的点击率。恶搞视频充分表达了对刻意造势、过度宣传但又形式空洞、内容乏味、漏洞百出的所谓“大片巨制”的反感和失望。可以

① 韩浩月. 严肃批评缺席　致使恶搞流行　大片得罪了谁？[N]. 中国青年报，2006-9-11.

说，在主流视听媒体上缺乏发声机会的“泛80后一代”，正是通过以“微视频”为代表的视觉书写方式，在低门槛的新媒体上，尝试着表达出自己对中国社会独特而鲜活的感知，并由此建立起被主流文化长时间忽视的新生代文化认同。在一个时间段内，主流文化中所包含的传统意义上的“青年期待”经常遭遇“微视频”的纵情调侃和无情消解，主流影视文化与网络“微视频”文化之间的张力堪称凸显①。

（三）表达宣泄情绪与游戏、娱乐心态

这类视频以娱乐为主，无明显的态度流露，其中的抵抗和批判意识已被大大弱化。网络知名组合“后舍男生”由三位广州美术学院的男生组成，他们跟着《As Long As You Love Me》、《分开旅行》、《I Want It That Way》、《童话》、《波斯猫》、《不得不爱》、《We Will Rock You》等音乐用宿舍的电脑摄像头制作了大量对口型模仿假唱的音乐视频，辅之以极度搞怪的动作和表情，在网络上迅速蹿红。短片《芙蓉姐姐传奇的一生》借《文涛拍案》节目中窦文涛之口，串联杂糅电影《大话西游》、《功夫》、《英雄》以及蒙娜丽莎画像、动画片等，夸张丑化“芙蓉姐姐”的成名经历。

上述三种方式中，微视频创作者以一种“向下沉”的生产视角，来传递对社会底层、边缘群体的强烈关注，或普通“草民”对所谓“精英”和“经典”的另类感知。创作者时而通过戏谑和恶搞转移现实中的负面情绪，获得解构权威的快感；时而通过反语、归谬、类比等方法指出现实中官员、企业行为的逻辑错误之处，表达自己所属群体的利益诉求，并寻求他们心目中的社会“公正”。前者这种恶搞行为属于费斯克所说的文化抵制，而后者这种行为则属于文化抗争，所表达的社会情绪，其基调从自嘲、揶揄转向更多的不满和愤怒②。

但不管是文化抵制也好，文化抗争也罢，这种抵抗大多带有博取更多关注，赢得同情和支持的意味，夹杂了表演的成分，是一种仪式化的抵抗。仪式的功能之一是“通过仪式唤起的敬畏感保留不断发展的社会必不可少的那些禁忌；仪式，换句话说就是对神圣的戏剧化表现”③。仪式的意义是远远大于它的实际

---

① 盖琪.“微时代”中国青年亚文化的视觉书写［N］. 光明日报，2012-7-7.

② 雷蔚真，王珑锟. 从网络视频再生产看通俗文化中的微观抗争［J］. 新闻与传播研究，2012（2）.

③ 丹尼尔·贝尔. 资本主义文化矛盾［M］. 赵一凡，译. 上海：生活·读书·新知三联书店，1989：192.

内涵的。因此，虽然表面上它是一种宣泄或反抗情绪的表达，实际上它还是青年向社会表明态度的一种较为温和的、非强制性的、非暴力的方式。

随着后现代消费社会和以互联网为主体的新媒体时代的来临，当代青年亚文化深受全球化、技术化和多元文化的交互影响，青年群体不再抵抗任何单一的主流阶级、政治体系或成年人文化，传统的抗争意识弱化了，取而代之的是狂欢化的文化消费、娱乐和休闲方式，以“无关政治”的“流动身份”游走在各种亚文化“场景”（如全球互联网平台）中。

因此，在新的历史条件下诞生的网络独立短片呈现出与传统独立影像不同的风貌。长期以来中国的传统独立影像作品固守着严肃纪实的社会学书写，“基本上都是写实性的政治、社会文化类的小众化作品……总的来说，认识价值高于娱乐价值，批判功能大于教化功能，许多作品近于社会学文本”[①]。而网络独立短片既具有实验性、激进性、解构性、表演性的一面，又具有通俗性、商业性、平民性、模仿性等特征，相对于传统独立影像而言，“已然完成了在表达方式、审美意象和目标人群上的转变。精英立场被大众消费取代，文艺小众的悲天悯人被海量网民的恣意狂欢所掩盖。主题上的去政治化，影像上的去沉重化，审美上的娱乐化视觉化，以及目标人群的草根化成为这些以网络为主要传播媒介的独立影像的重要特征”[②]。这种在多个层面上实现了对传统独立影像革新的网络独立短片，正以多元化的面貌不断丰富着独立影像的生产和消费领域。

第二节　公民视频新闻与网络公共领域的建构

一、中国当前语境下的网络公共领域

公共领域的概念由汉娜·阿伦特最早涉及并做了富有原创性、开拓性的研究，哈贝马斯的研究则使该概念风靡全球，当代的一些著名学者如加拿大的查尔斯·泰勒、美国的托马斯·雅诺斯基等人的阐释更使其大为增色。

作为一种历史现象，公共领域起源于17世纪后期的英国和18世纪的法国，其典型的历史形态是资产阶级公共领域。公共领域是介于国家（即公共权力领域）和社会（即个人私域，属于私人领域）之间进行调节的一个领域，它是一

① 张亚璇．无限的影像——1990年代末以来的中国独立电影状况［J］．天涯，2004（2）．

② 闫新．网络时代中国独立影像的内容生产与媒介生存［J］．当代文坛，2012（1）．

个向所有公民开放、由对话组成的、旨在形成公共舆论、体现公共理性精神的、以大众传媒为主要运作工具的批判空间：一方面，它作为公共权力的批判空间与其针锋相对；另一方面，它虽然作为私人领域的一部分，立足于不受公共权力领域管辖的私人领域，却又跨越个人和家庭的樊篱，致力于公共事务。公共领域的生存空间取决于其上下两个界限的冲突与整合：随着国家与社会的分离而产生，随着国家与社会的融合而消亡。图 5-1 显示了公共领域及其相关概念之间的相互关系：

公共权力领域：国家

私人领域（广义的市民社会）
- 公共领域（理性—批判的公共领域）：私人领域中关注公共事务的那一部分
- 个人私域（社会）：狭义的市民社会（商品交换和社会劳动）领域和家庭内部事务领域

图 5-1 “公共领域”及其相关概念关系图

公共领域不同于个人私域的最主要的标志就是能够形成公众舆论。公众舆论具有下述特征：

（1）内容具有公共性。

（2）是通过公众的辩论和协商达成的共识。

（3）其作用和功能在于同公共权力相抗衡。

（4）通过批判性功能调节国家公共权力的行使和社会需求，沟通公共领域和市民社会个人私域，缓解二者之间的紧张。

（5）以报刊和其他舆论工具为媒介发挥对政治的影响。

公众舆论是公共领域存在的标志和象征，而批判性则是公众舆论的灵魂。公众舆论一旦丧失其政治批判功能便不复存在，公共领域也随之瓦解。

资产阶级公共领域包括文学公共领域和政治公共领域两大部分。文学公共领域的发生场所是咖啡馆、沙龙和文学艺术俱乐部等，它是公共批判的练习场所，公共舆论的发生地，是资产阶级公共领域的萌芽形态。政治公共领域是文学公共领域的进一步完善和成熟，是公众舆论和公共权力直接交锋的场所。与此相对应，资产阶级公共领域的话题也集中于政治话题与文学艺术话题。

在《公共领域的结构转型》一书中，哈贝马斯用很大篇幅对传媒在资产阶级公共领域建构过程中的重要作用进行了论述。这种作用是双重的：自由资本主义时期，传媒行使批判和监督功能，提供充分的意见表达空间，对公共领域的建构起到了积极促进作用——这是哈贝马斯所认同的真正意义上的公共领域；垄断资本主义时期，传媒受到公共权力（国家）和市场势力（商业）的双重宰制，成为消极破坏公共领域的基石。哈氏援引美国传播学者施拉姆的术语说，即时付酬新闻（诸如漫画、腐败、事故、灾难、运动、娱乐、社会新闻和人情故事）不断排挤延期付酬新闻（诸如公共事务、社会问题、经济事件、教育和健康），“阅读公众的批判逐渐让位于消费者‘交换彼此品味与爱好’”，因而“文化批判公众”变成了“文化消费公众”，即被操纵的公众，这样，文学公共领域消失了，取而代之的是文化消费的伪公共领域或伪私人领域——哈贝马斯称之为公共领域的“重新封建化”[①]。

就中国的政治传统而言，并没有公域与私域明确划分的实践和观念。由于中国社会的道德是从家庭延伸出去的，因此，传统中国也不存在一个同个体生活领域相对的公共场所[②]。有学者如此论述道：“撇开中国传统社会有无公共领域之争暂且不言，即使有，其空间必狭小，其密度必稀薄。”[③]政治学家邹谠认为，中国在改革开放以前的国家政治权利框架是全能主义的[④]。全能主义（totalism）意指“政治权利可以侵入社会的各个领域和个人生活的诸多方面，在原则上它不受法律、思想、道德（包括宗教）的限制”。改革开放以后，情况发生了一定变化，中国人的经济、社会、知识与个人生活较过去有了更多的自由。然而，正如著名历史学家林毓生所说：“逃避政治权威的个人的‘私的领域’，现在当然比以前扩大了；但‘公共领域’却并不因个人在‘私的领域’的活动空间的扩大而能建立起来。”[⑤]

究其原因，站在传媒的角度来看，中国在现实中缺乏一套能充分容纳民意表达、并将民意反映到公共政策和公共事务的决策和裁判中去的机制。与此同时，中国缺乏“新闻自由”传统，人们更习惯的是“舆论监督”一词，它基本上是先有政府权力的一种延伸和补充，即便如此，传统媒体的舆论监督环境也

---

① 哈贝马斯．公共领域的结构转型［M］．曹卫东，王晓珏，刘北城，等，译．上海：学林出版社，1999：195-202.

② 胡泳，众声喧哗：网络时代的个人表达与公共讨论［M］．桂林：广西师范大学出版社，2008：284.

③ 赵红全．论我国公共领域的现代生长［J］．理论与改革，2004（3）.

④ 邹谠．二十世纪中国政治［M］．牛津：牛津大学出版社，1994：124.

⑤ 朱学勤．从一支烟到一本书［J］．读书，1997（6）.

在不断恶化[1]。因此，在传统媒体时代，中国的公共议题很大部分是由政府和主流媒体规定的，普通民众鲜有参与构建的机会，使得政治领域的公共空间无以形成、公共制度无以安排、公共舆论无以发挥其功能。施拉姆曾言："阅听大众应以传播动力主要的推动者自任。我们坚信大众将可获得他们所需要的一种传播制度。"[2] 显然，大众所需要的传播制度，就是能够表达大众意见、反映大众心声，使被权力异化的大众传媒还原其本来的沟通交流和公共领域功能的传播制度。

互联网的崛起使中国公共领域的建设出现了希望的曙光。如前所述，公共领域介于国家和社会之间，存在的前提是有一个独立于国家的"私人领域"（广义的市民社会）。网络技术的发展促成了这一"私人领域"的出现，论坛、博客、播客、微博、视频分享等网络新兴媒体就是这样一种"私人领域"——一个较少受到制度化的政治权威、媒介意识形态和社会习俗控制的言论空间，一个可以理性辩论、批判特权的论坛。在这里，普通公民可以自由传递信息，就一切私人性与公共性的话题自由参与、平等对话、充分发表意见。当某一问题引起众多"私人"的关注时，便会围绕其展开进一步的深入讨论，形成公共舆论，并在平等协商中逐步达成共识，最终通过影响公共权力领域来促进问题的解决。

一旦"沉默的大多数"获得了自由言说的机会，长期受到压抑的情绪便如火山喷发，不可遏制。2003 年的孙志刚事件、刘涌案、黄静裸死案、孙大午案使中国网民看到了互联网作为个人表达和公共讨论的崭新平台，在改变社会进程中的巨大力量，这一年被称为"网络舆论发轫年"。此后，中国的网络舆情呈现出异常活跃的态势。湖北佘祥林"杀妻"冤案、重庆"最牛钉子户"、山西黑砖窑事件、厦门 PX 事件、华南虎真伪案、艳照门、林嘉祥猥亵门、"躲猫猫"事件、邓玉娇案、夏俊峰案、李某某强奸案、上海法官集体嫖娼案、三亚"海天盛宴"事件、刘铁男案、"房姐"龚爱爱案、山东兖州网友骂交警被拘留等标志性事件频出。在 2008 年雪灾、汶川地震、瓮安事件、毒奶粉等重大事件中，网络媒体无一缺席。以网络为载体的舆论监督，特别是对特殊利

---

① 胡泳. 众声喧哗：网络时代的个人表达与公共讨论 [M]. 桂林：广西师范大学出版社，2008：310-311.

② 威尔伯·施拉姆. 大众传播事业的责任 [M]//张国良. 20 世纪传播学经典文本. 上海：复旦大学出版社，2003：274.

益团体的监督成效非凡，已成为推动社会公正的新工具。

现在，网民通过新闻生产，不但可以迅速形成网络热点，还能够吸引传统媒体的关注和介入，为传统媒体设置议程，对整个媒介生态的塑造产生巨大的影响。中国的网络公共领域尽管还存在着非理性言论泛滥、社会责任感缺席、话题同构性严重等问题，但毕竟已经开始蓬勃地生长起来。

二、公民视频新闻生产所建构的网络影像公共领域

哈贝马斯关于“公共领域”的系列政治哲学思想影响深远，对于新闻传播业也有着巨大的启发。面对公共领域“重新封建化”的危机，媒体应该有何作为？哈贝马斯的“公共领域”及其后提出的“交往理性”和“商议民主”等几个关键环节所提供的解决方案是：既不是消极地淡化、割裂公共生活，也不是仅仅诉诸精英阶层的强力管理，而是要通过激发公民积极参与来重振公共生活。下文所要论述的公共新闻、公民新闻及公民视频新闻等一系列概念，无不源于这一思想。

（一）公共新闻、公民新闻与公民视频新闻

公共新闻（Public Journalism）肇始于20世纪90年代前后的美国公共新闻运动。兰贝思认为，如果公共新闻运动想要寻找一位哲学方面的领军人物的话，那么哈贝马斯可能是最适合的人选①。“公共新闻”最早由纽约大学新闻学系教授杰伊·罗森提出，在他的倡导与推动下，于20世纪90年代形成一场波及全美、影响世界的公共新闻运动。杰伊·罗森认为，“新闻记者不应该仅仅是报道新闻，新闻记者的工作还应该包含这样的一些内容：致力于提高社会公众在获得新闻信息的基础上的行动能力，关注公众之间对话和交流的质量，帮助人们积极地寻求解决问题的途径，告诉社会公众如何去应对社会问题，而不仅仅是让他们去阅读或观看这些问题”。

然而，这场声势浩大的新闻改革运动却面临着较大的操作难度和新闻伦理悖论。公共新闻业的核心是民众对新闻业的参与，但在新闻传播手段只能为少数人所拥有的媒介环境中，这种参与也只能按照组织者既有的传播观念和话语风格来实现意见的表达。另外，公共新闻理论主张新闻记者应参与到社会生活中去，促成新闻事件的发生，推动问题的解决，这无疑损害了新闻的客观性和

---

① 汪凯. 迈向自由交流的民主共同体——公共新闻运动的哲学之根［J］. 中国传媒报告，2008（2）.

中立性原则。因此，发展到20世纪90年代末，美国的公共新闻运动日渐式微。

与此同时，随着互联网的日益普及，另一种全新的新闻传播形式——公民新闻逐渐兴起。公民新闻（citizen journalism）也称市民新闻、参与式新闻，指由非专业的普通公民或以普通公民身份发布新闻的专业新闻工作者作为传播主体、以网络为主要载体发布的新闻[①]。公民新闻承袭了公共新闻民众参与新闻业的核心理念，但又与公共新闻有明显的区别。公共新闻中，传播信息的主体还是大众传播媒体，大众传媒依然处于主导者地位，他们通过对某些“公民共同关注的话题”的报道，来争取社会各界的关注，目的是鼓励公民参与社会事务，普通公民在这里仍然是一个信息接受者的身份，而公民新闻的传播主体是公民自己，公民在搜集、报道、分析、传播新闻和信息的过程中发挥着主动作用，报道内容也不限于公共事务，任何事件都可以进行报道。美国学者坦尼·哈斯在阐释媒介公共新闻的未来时提出，新型的由公众自主发布的公民新闻，其实质是深化了公共新闻的民主理想，而不是取代它[②]。目前，公民新闻在“声、屏、报、网”上全面开花，尤其集中在以互联网为代表的新媒体上。网民通过直接参与网络新闻的原创性生产，向网站提供新闻线索，参与各种网络调查，通过论坛、博客、微博转发新闻等形式开展公民新闻生产活动。可以说，公民新闻是公共新闻在新的技术条件下的发展。对此，人民网总裁兼总编辑廖玒曾言，今天的中国已经进入“大众麦克风”时代，社会舆论格局发生明显改变，每一位网民和手机用户都可能成为“公民报道者”，互联网正在成为“思想文化信息的集散地和社会舆论的放大器”。

公民视频新闻是指由普通公众拍摄、制作，发布在互联网平台上，运用画面与声音符号体系对新近或正在发生的事实进行反映、报道、记录、调查的视频短片[③]。公民视频新闻由公民新闻发展而来。众多的BBS、博客是公民新闻初期传播的主要渠道，公民新闻网、维基新闻、微博客的出现，为公民新闻的大量生产和传播提供了更加专业化的平台。而随着YouTube、土豆网等视频分享网站的兴起，3G/4G手机、便携式DV的普及，越来越多的网民通过上传、分

① 吴献举. 公民新闻的发展与公共领域的建构 [J]. 重庆社会科学，2009 (4).

② 坦尼·哈斯. 公共新闻研究：理论、实践与批评 [M]. 曹进，译. 北京：华夏出版社，2010：101.

③ 王建磊. 草根报道与视频见证——公民视频新闻研究 [M]. 北京：中国书籍出版社，2012：69.

享视频的方式参与新闻的生产制作。有研究者将公民新闻的这种新的发展形态定义为“公民视频新闻”。伴随着公民新闻概念的沿革，公民新闻的传播手段也发生了巨大的变化。由图片静像、文字解说等二维方式向即时声音、即时视频图像相结合的三维多媒体影音进化①。用视频记录生活和表达思想的拍客群体随之诞生，成为视频时代的独特标签。

（二）公民视频新闻的发展对网络影像公共领域的建构

在哈贝马斯看来，公共领域的存在有三个必备要素：①参与者。公共领域的参与者必须是具有独立人格、能够就“普遍利益问题”展开理性辩论的“私人”；②媒介。公共领域具备能够保障参与者自由交流、充分沟通的媒介；③共识。由“私人”组成的“公众”能在充分辩论的基础上达成共识。它们的协同作用决定着公共领域的性质和类型②。公民视频新闻的发展，使上述条件的实现成为可能。

第一，公民视频新闻的生产和传播主体是独立的、具有一定评判和表达能力的普通网民。

发布视频新闻的网民来自五湖四海，各行各业，各个阶层，上自各界精英，下至贩夫走卒，可谓三教九流，无所不包。在现实生活中，他们的人生轨迹可能千差万别，社会圈子也并无交集。然而，网络空间不受种族、性别、国籍、职业及年龄的限制，等级、身份、地位等现实世界里的社会代码统统被消解，取而代之的是一个个情态各异的网名，网民们摆脱了政治权力习惯势力或传统观念的束缚，可以以发布或者评论视频新闻的方式就任何主题发表意见，他们发布新闻或作出评论是基于内心的表达欲或强烈的责任感。在网络公共领域中，围绕着每一个话题的讨论都形成了一个网络，每一个参与讨论的网民，包括视频的发布者都是一个普通的节点。在讨论中，任何一个节点都可能引发新的议题，经过不断分叉，最终形成一个开放式的、可以无限延展的巨大网络。有学者认为，公民新闻本身就是对主流媒介新闻产生的权利的解构，其强烈的去中心化思想和民本特征，将对传统新闻学范式和具体新闻工作流程产生一定程度

---

① 雷蔚真，欧阳春香．视频拍客对公民新闻传播机制的影响［J］．新闻战线，2010（2）．

② 哈贝马斯．公共领域的结构转型［M］．曹卫东，王晓珏，刘北城，等，译．上海：学林出版社，1999：187-205．

上的重塑[1]。

这里引起争议的是公民视频新闻的发布者和传播者是否具有“理性”的问题。哈贝马斯所假设的“交往理性”是指人类交往符合言论内容的真实性、言论规则的适当性和言论态度的真诚性的要求[2]。应当承认，相当一部分网民对公共话题的参与热情是比较高的，也有着不少真知灼见。但由于网民素质良莠不齐，也由于网络的特性，在网上发布、传播视频带有很大的随意性，不可避免会出现许多情绪化的表达与发泄。然而，任何一个公共事务议题都是一个多元论述的过程，在自由、异质、多元的网络舆论环境下，参与者们能够通过互动充分表达见解，一些不理性的言论恰恰推动了人们从不同角度深入思考问题，真理则在争鸣中越辩越明，经过多方交锋和相互理解之后，最终往往能得到理性的结果。

第二，公民视频新闻的内容涉及社会生活的各个方面，但主要内容还是公共事务。

公共领域问题的本质是公共性。“公共性”（Publicness）源于古希腊词汇“Pubes”或“Malurity”，强调个人能超出自身利益去理解并考虑他人利益，同时还意味着具备公共精神和意识是一个人成熟并且可以参加公共事务的标志。公共精神是指公民心中的道德理想和价值层面以公共利益和社会需求为依归的精神取向。公共领域之所以能够存在，原因就在于它能够创造和服务于公共利益。何谓公共利益？根据经济学家们的定义，不能排除地使用的利益就是公共利益，换言之，公共利益能为所有公民所分享[3]。那么，公民视频新闻所关注的主要是什么样的问题呢？

作为一种与专业新闻生产相对的草根新闻生产形态，公民视频新闻的内容以及关注视角都与主流媒体存在一定差别。蔡李章对国内10家主要网络媒体上发布的网络视频新闻进行内容分析，发现我国网络视频新闻内容主要有公共领域的突发事件，网友亲身经历的重大新闻现场，关注身边百姓生存环境，生活中的轶事趣闻，事先策划的各种网友试验、体验视频等5类[4]。吴信训认为，在

---

① 陈力丹，汪露．2006年我国新闻传播学研究综述［J］．国际新闻界，2007（1）．

② 吴献举．公民新闻的发展与公共领域的建构［J］．重庆社会科学，2009（4）．

③ 张羽，于一丁．公民媒体与我国公共领域的建构［J］．西安交通大学学报：社会科学版，2010（4）．

④ 蔡李章．网络视频新闻的生产及其规范［J］．新闻战线，2010（7）．

内容取向上，目前我国公民视频新闻的信息来源主要体现在公共领域、亲身经历、主动调查、刻意策划、视频合成等5个方面[①]。王建磊基于搜狐、新浪、优酷、酷6网采集到的380条样本，提炼出公民视频新闻的6大内容类型，根据所占比例由大到小依次为：①突发事件；②公共监督（指拍客对公共生活空间的批判性关照）；③民生记录（侧重于对“私人领域”的记录，主要包括小人物，如弱势群体、边缘群体的新闻故事）；④社会热点（包括当前社会普遍关心的问题、事件，也有很多是之前先在网络上形成热议，随后演变为一个社会热点事件）；⑤奇闻轶事；⑥非主流事件（指偏离正常生活情景、违背主流价值观、本不太具有新闻价值的事件却获得了意外的关注）[②]。由此，王建磊归纳公民视频新闻的主要报道视角为：对弱势群体的自发关怀、对社会不公的极力披露、对公共领域的舆论监督[③]。

可见，作为整体的公民视频新闻是一个舆情集散地，每天都有数目庞大的视频新闻作为舆情种子在此着床，然而，并不是每一颗种子都能生根发芽，真正吸引用户广泛参与的，是那些围绕着公共利益并具有广泛关注度的话题，这些话题与每个公民的切身利益息息相关，因而在网上才能成为“燎原之势”[④]。试举几例：

汶川地震。2008年5月12日的汶川地震中，最具震撼力、最引人注目的视频均来自游客和当地人，他们成了最重要、最宝贵的地震信息源头，所记录下的大量重要新闻信息被各大电视台及网络所传播。震后一个月，新浪播客推出取材于网友并由互联网视频团队制作的网络视频《汶川地震纪实》，受到普遍关注。

奥运火炬传递。2008年北京奥运会圣火传递期间，网民反“藏独”、护圣火的“中国心”一日之间红遍网络。网民拿起摄像机，一路见证“圣火到我家”的盛况。观看圣火传递的路人在新闻现场记录了整个圣火传递的过程，并在网

---

① 吴信训，王建磊．我国互联网上公民视频新闻的传播解析［J］．国际新闻界，2009（8）．

② 王建磊．草根报道与视频见证：公民视频新闻研究［M］．北京：中国书籍出版社，2012：118-120．

③ 王建磊．草根报道与视频见证：公民视频新闻研究［M］．北京：中国书籍出版社，2012：133-140．

④ 张羽，于一丁．公民媒体与我国公共领域的建构［J］．西安交通大学学报：社会科学版，2010（4）．

络上公布，让整个奥运氛围传遍全国，让全世界看到了中国公民的爱国热情和强烈责任感。

央视大火事件。2009年2月9日20时27分，北京市京广桥附近的央视新大楼北配楼发生火灾。很多目睹火灾发生的网民、手机用户用自己的通信工具详细记录了整个事件发生的经过，留下了大量第一手文字、图片和视频资料。在这一事件中，最早反映这场火灾的是网民“加盐的手磨咖啡”。这位性别、年龄均不详的网民事发时恰好路过现场，用带有摄影功能的手机拍下了火场照片，并于21：04上传至天涯社区博客空间。随后，在各大博客、视频网站、论坛、微博中，网友关于央视大火的报道纷纷涌现。优酷于21：15开始出现相关视频，YouTube的第一段相关视频上传于22：00左右。央视大火事件是中国普通公众全方位参与新闻报道的典型事件，也被视为中国公民新闻发展的一个标志性事件[①]。

杭州飙车撞人案。2009年5月7日20时许，25岁的杭州职员谭卓在西湖区文二西路的斑马线上被一辆三菱跑车撞死。有网友将现场照片发布到网络上，由于富二代、裙带关系等敏感字眼引发公众关注。5月8日，西湖区交警大队公布初步调查结果称，肇事车辆车速认定每小时70公里。舆论顿时哗然，在各大视频网站也出现了很多公众拍摄的群众悼念视频以及“时速70公里”的质疑视频。该案演变为群议汹汹的“70码”事件，在强大的民意压力下，警方更改了调查结论，肇事者也被依法逮捕。

农民工“开胸验肺”事件。2004年8月河南农民工张海超被多家医院诊断出患有“尘肺”，但由于这些医院不是法定职业病诊断机构，所以诊断“无用”。且由于原单位拒开证明，他也无法拿到法定诊断机构的诊断结果。无奈之下张海超于2009年6月主动以“开胸验肺”的方式为自己证明。这一事件在媒体的介入下轰动全国，网络上也出现了许多网友自发采访制作的视频，如《专访开胸验肺农民工张海超　讲述艰难维权路》等。最终张海超获赔61.5万元。

黔西南百年大旱。2010年春，黔西南州30年一遇的持续旱灾，预计直接经济损失逾2亿元。在灾情发生后，当地网民不断上传图片、视频展示旱灾实情。各地相继发起赈灾捐助，公民力量推动形成了一场全国赈灾的公益活动。

---

① 彭兰．网络传播案例教程［M］．北京：中国人民大学出版社，2010：208.

青海玉树地震。2010 年 4 月 14 日晨，青海省玉树县发生两次地震，最高震级 7.1 级。截至 4 月 25 日 17 时，造成 2220 人遇难，失踪 70 人。在赈灾的队伍中出现了自发前往第一线的视频拍客，他们用自己的视角记录下震后人们的生活、精神面貌，在网络上形成了巨大的影响力。

第三，公民视频新闻传播媒介包括各类网站、博客、播客、社区、论坛、即时通信工具等，它们是较为理想的公共意见平台。

以视频网站为主的各类网站、博客、播客、社区、论坛、即时通信工具等公民视频新闻传播平台面向所有人开放，不会因为身份、地位、教育程度的高低而将谁的作品奉为经典，又拒谁于千里之外，为公民自由平等地参与话语论证提供了条件，保证了参与人员的广泛性，符合“公共领域原则上向所有公民开放”的条件。自由开放的网络环境、准入的低门槛和交互性特点可以使公众在就某一问题的交流与论辩的过程中，相互理解，最后达成共识。

由上述可知，公民视频新闻传播具备建构公共领域的所有要素，这一网络影像公共领域是正在崛起的网络公共领域的表现形式之一，公民视频新闻的发展使公共领域的内容更加丰富。

随着公民视频新闻的发展，更多普通公民参与到公共交往活动中，并将一些原本属于家庭生活和个体经历等私人领域的事务公之于众，使之上升到公共层面，丰富了公共领域的内容。这些私人领域的事务往往有一定的典型性和代表性，是民生状况的真实反映，因而会引起讨论，最后达成理解与共识。公民视频新闻的发展也使公共领域表现出多元化的特点。汤普森认为：“随着媒介的发展，公共性现象已经不再要求人们处于同一地点。它已经非空间化、非对话性；它越来越与媒介制造的不同类型的事物相关，并通过媒介达到预期目的。”[①] 现在，新媒体发展日新月异，公民对信息发布和接收的渠道日益多样化和多时段性，对某一问题的报道和评论也不一定是即时性和对话性的，可能是就同一话题各自发表意见，未必有直接的冲突和交锋，这样就形成了多样化的意见，最后出现局部性的多元共识并存的局面[②]。

---

① 约翰·B. 汤普森. 公共领域理论 [M]//奥利弗·博伊特-巴雷特，克里斯·纽博尔德. 媒介研究的进路. 汪凯，刘晓红，译. 北京：新华出版社，2004：317 .

② 吴献举. 公民新闻的发展与公共领域的建构 [J]. 重庆社会科学，2009 (4).

第三节　网络原生微视频对传统影视产业的“反哺”

在媒介融合的大背景之下，网络媒体与传统媒体之间正在形成一种互为补充、相互融合的关系，网络视频和电视、电影成为视频信息的主要竞争平台。但是，在信息的流向上，一直以来几乎都是由传统媒体流向网络媒体，即电视台、影视公司扮演着内容提供商的角色，而网络媒体只是作为播放平台，视频信息的流动是单向的。随着网络视频产业内容生产能力的增强和影响力的提高，目前这一情形正在悄然发生变化，传统媒体垄断内容生产的时代一去不复返，网络视频产业开始向传统影视产业反向输出网络平台所生产的优质原生内容。在微视频领域，这一趋势同样表现得十分明显。

一、网络原生微视频“反哺”传统影视业渐成风潮

网络原生微视频是指互联网平台上生产出来的各种微视频作品。目前，网络媒体向传统媒体输出各种微视频节目已成为业内常态。

（一）拍客视频逐渐侵占电视新闻阵地

传统媒体向网络媒体单向输出视频内容的“惯例”被打破，源于拍客群体的崛起。拍客是互联网时代下，利用各类相机、手机或 DV 摄像机等数码设备拍摄的图像或视频，通过计算机编辑处理后，上传网络并分享、传播影像的人群。拍客群体的产生和发展是一个动态的过程，“拍客”这一概念也随着多媒体影像技术的发展而处于不断变化之中。2005 年 5 月，“拍客天下”在中国率先提出“拍客”概念，为喜爱使用各类相机、手机和数码设备拍摄图文影像的人群提供分享平台，其后如雨后春笋般迅速涌现的大批拍客网站和视频网站拍客频道的出现，对拍客群体的发展起到了极大的推动作用，如优酷网拍客频道、酷 6 网拍客中国、UBOX 拍客、新浪拍客、无锡拍客网、威海拍客网等。拍客的含义也从图文影像逐渐向视频影像过渡。2007 年，优酷网提出“拍客无处不在”，倡导“谁都可以做拍客”的理念，并组织多次拍客视频主题接力、拍客训练营，引发全民狂拍的拍客文化风潮。目前，几乎所有的网站都设置了原创频道或拍客频道，为原创作品、拍客群体提供了一个较好的集传播、分享、互动为一体的发布平台。

拍客的出现开启了“人人都成为记者”的时代。当然，并非所有的拍客都是新闻记者，有些只是 DV 玩家。但是，在视频影像的表达和记录过程中，新

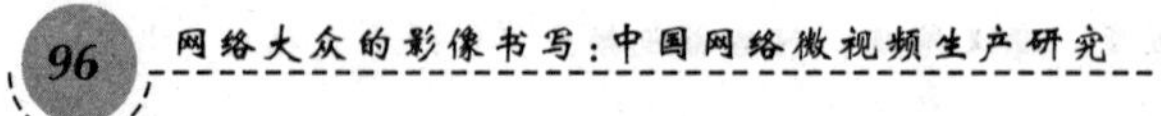

闻事件成为重要的题材，许多突发事件刚刚发生，普通民众就已经利用各种带有摄像功能的设备将其上传至网络。这种以普通民众为主要报道力量的新闻报道正是公民新闻，而视频拍客也成为公民视频新闻的生产者和传播者。

数量的增长和质量的提高使得拍客视频成为许多电视台新闻素材的来源：2007 年 4 月的沈阳大雪阻挡了传统媒体亲赴现场的脚步，但短短一天之内就有一百多段视频被拍客上传到优酷网，连央视也在《社会记录》栏目中选用了部分视频；2009 年成都公交车大火事件，浙江卫视《寻找王》、湖北卫视《今晚 6 点》、江西电视台、陕西电视台、齐鲁电视台等均引用了优酷拍客第一时间拍到的起火视频[①]。据统计，在优酷网“各电视台热播优酷拍客视频”这一专辑中，有 58 个电视台节目中曾用过优酷拍客的视频内容。2012 年“神九”发射时，央视国际频道采用了十余段腾讯拍客的原创视频进行播出；2012 年伦敦奥运期间，腾讯视频针对广大草根用户推出了两大活动“寻找奥运草根运动达人——我与奥运有约”和“走进伦敦奥运英雄家”，从中征集到大批高质量 UGC 视频，并落地多家电视台。

伴随着拍客的走红，许多电视台纷纷推出专门的“拍客”类节目样态，如中央电视台的《讲述》、广西电视台的《新闻在线》、西安电视台的《拍客天下》、天津电视台的《都市新拍客》、上海电视台的《DV365》和《新生代》、广东电视台的《最佳拍档》、安徽卫视的《超级新闻场》等。其中尤以河南电视台公共频道的《DV 观察》影响最大，自 2007 年 2 月 5 日开播以来，多次创下收视奇迹，成为全国此类代表性栏目。而深圳电视台于 2007 年 4 月更是破天荒地推出了我国唯一一个以播放 DV 作品为主的专业频道——DV 生活频道，推崇“全民办台”的影像生产方式，所有内容素材均来自网民上传。

（二）微电影纷纷登陆电视台

近年来在网络上备受关注的微视频类型——微电影也引起了电视台的兴趣，将其积极地纳入自己的内容阵营，以提升其多样性与亲民性。央视电影频道开设的《爱拍电影》栏目，是国内第一档网络流行短片欣赏节目。它致力于推动中国民间原创短片的发展，以短片展播的形式介绍网络微电影，为民间短片提供了优秀的自我展示的舞台，并为大量民间团队提供短片制作的资金支持，在中国原创短片业内拥有良好的口碑和声誉。同时，还邀请原创作者作客节目现场，交

① 文静. 从拍客看网络视频与电视的另类融合 [J]. 东南传播，2010 (8).

流各种拍摄体验，激发大众制作电影的原创热情，深受中国青年群体的喜爱。

地方台也不甘示弱。2012 年 4 月，重庆卫视推出最新改版的《星电影》栏目，其中专门开辟了微电影环节，并全力打造“电视台＋网络互动”的全媒体微电影计划，力求以更为平民化、大众化的视角，讲述普通人的生活点滴，该栏目推出不久后就全程播出了爱奇艺出品的“2011 城市映像”微电影系列。同月，青海卫视设立首档微电影剧场栏目《幸福微剧场》，每周播出 2～3 部微电影，全年 52 期共播放 150～160 部微电影，其中有 50％左右由各大网站提供。

（三）网络剧不时亮相影视屏幕

视频网站掀起网络剧自制热潮，最初主要是为了缓解购买影视剧版权费过高的困境。而目前随着节目制作能力的不断加强，视频网站越来越“电视化”，甚至一些电视台也开始向视频网站购买自制剧，网络剧反向输出电视台成为一种新的现象。2011 年 12 月 2 日，爱奇艺网制作的网络剧《在线爱》登陆旅游卫视，旅游卫视还专门开辟《网剧来了》专栏，播出爱奇艺、搜狐、土豆等视频网站的自制剧；2012 年 3 月 13 日和 17 日，深圳卫视和安徽卫视分别在黄金剧场和周末午间剧场推出优酷土豆网自制偶像剧《爱啊哎呀，我愿意》；爱奇艺 2012 年的自制情景喜剧《奇异家庭》尚未上线就被对情景剧需求迫切的江西电视台看中，当该剧在网络热播且创造了超千万的网络播放量时，该剧也开始在江西电视台影视频道的新栏目《情景剧剧场》中播出。

有趣的是，由于网络剧一般时长在 10～20 分钟，一部 10 集左右的网络剧连在一起，时长正好相当于普通电影的时长，所以，个别网络剧也开始有意向传统影院院线进军，开辟新的播放平台。2010 年 10 月 27 日，由酷 6 网、阳光集团、时尚集团联合打造的网络新媒体剧《男得有爱》在酷 6 网进行网络首映，该剧专为网络观众而设计，整体拍摄内容按照美剧风格剪辑为 8 集，组合起来即成为一部 85 分钟的新媒体数字电影。2011 年 1 月，《男得有爱》取得电影公映资格，成为首个登陆院线的视频网站原创作品。

（四）网络视频栏目在多个电台、电视台落地开花

在自制栏目的反向输出方面，视频网站也有较好的表现。早在 2006 年，搜狐娱乐等就开始自制视频栏目的尝试，成功推出多档互联网栏目，其制作的《明星在线》曾在 74 家地方广播电台提供音频化播出，至 2010 年，以《明星在线》、《搜狐娱乐播报》等为代表的搜狐娱乐王牌娱乐节目开始正式登陆各地电视台。

2010 年南非世界杯期间，新浪推出了互联网原创节目《黄加李泡世界杯》，

邀请争议性和娱乐性都比较强的足球解说员黄健翔和体育评论员李承鹏作为节目的主持人，每期邀请不同的明星坐镇点评世界杯足球比赛。这档具有很强的原创性和眼球效应的节目，引起了广泛的关注，从而引发了一系列的二次传播。新浪与陕西卫视、浙江卫视影视频道、福建卫视体育频道、北京人民广播电台、中央人民广播电台等近百家媒体合作，同步播出《黄加李泡世界杯》，湖南卫视海外频道还将这档节目推广到海外市场。此外，新浪还与中国联通合作，将节目信号同步传输给全国各地电视台同步播出。这是国内互联网公司首款实现“卖给电视台”的原创产品。

据爱奇艺内部统计数据显示，2012 年其累计向各级电台、电视台反向输出自制节目内容时长已超过 4 万分钟，输出不同节目形态超过 10 档，其中自制栏目种类繁多，既包括《以德服人》这样的高端脱口秀节目，也包括《娱乐猛回头》、《环球影讯》等娱乐资讯节目，《头号人物》等娱乐访谈节目，还包括《健康相对论》等自身已实现良好商业化的老牌综艺节目。内容输出对象则包含了各级卫视、地面频道和中央级广播电台近 30 家，基本覆盖全国 80%以上省份。其中，《以德服人》等品牌节目更是成功登陆多家电视台春节、五一长假等黄金编排时间段，成为各家热播栏目①。

腾讯视频出品的原创社会纪实类人物访谈节目《某某某》，因高度纪实性和对平凡人物不凡人生的关注和解读而备受传统电视媒体青睐，中央电视台、北京卫视、上海东方卫视、台湾中天卫视、深圳卫视、河南卫视、江西卫视等多家知名电视台在节目中已多次引用《某某某》内容。

此外，土豆网出品、台湾知名艺人庾澄庆主持的时尚娱乐节目《哈林哈时尚》于 2012 年 6 月 3 日首度登录台湾的 TVBS 欢乐台。优酷出品、音乐人高晓松主持的脱口秀节目《晓说》与浙江卫视纪录片《艺术：北纬 30 度》合作的《晓说：艺术北纬 30 度》，于 2012 年 9 月开始在浙江卫视黄金档播出。优酷网联手“极限情侣”张昕宇、梁红打造的首档网络自制户外真人秀节目《侣行》剧场版于 2014 年 3 月在央视一套首播……

二、网络原生微视频“反哺”传统影视业原因透视

（一）视频网站由单一发布平台向“平台商”和“内容商”双重身份过渡，网民原创和网站自制能力均受到重视

---

① 金朝力. 爱奇艺抢攻视频网站自制内容高地［N］. 北京商报，2013-3-13.

“反哺”传统影视业的网络原生微视频既包括网民原创的微视频，也包括以视频运营商（如视频网站）为主体制作的微视频，目前视频网站对原创能力和内容自制能力都比较重视。

在网络微视频发展之初，除了源于传统媒体的影视剧、新闻等内容（许多还是在未获版权许可的情况之下上传的）之外，网民原创的UGC模式是微视频的主要生产模式，大量视频内容由网友上传到网站服务器与他人共享，视频分享类网站成为炙手可热的传播平台。历经多年发展，一些视频网站并没有改变对UGC内容的重视。比如，不断涌现高质量拍客内容的腾讯视频，一直以来都大力支持UGC内容的发展。腾讯视频拍客频道在成立之初，就明确拟定并公示了拍客入门须知、报名流程、奖金制度、奖金查询等一系列较完善的措施，调动民间拍客群体的积极性，并注重挖掘和培养优秀拍客成为专家或成立专业机构与工作室，这为大量专业优质UGC内容的产出并频频实现向传统主流电视台的反向输出打下了基础。

在不断提高UGC原创内容质量的同时，从2010年开始，许多视频网站走上内容自制之路。2009年底广电总局对当时网络上盗版影视剧泛滥的状况进行大力整顿之后，视频网站掀起正版化浪潮，由此带来的后果之一是：视频网站用于购买正版影视剧的价格一路看涨，单集价格从2006年《武林外传》的1235元一路飙升，至2011年达到顶峰。当时爱奇艺为拿下《太平公主秘史》的独家网络版权，花了5000万元，平均一集价格为200万元。天价版权费用成为视频网站“不能承受之重”，被业界认为是导致视频网站集体巨亏的罪魁祸首。同时，主要视频网站均主打热播影视剧及电视节目，生产内容及商业模式不断趋同，用户黏性难以形成。天价版权的“烧钱”压力和视频媒体之间差异化竞争的迫切需要，令视频网站不得不转换思路，逐步发展自制视频。加强自制内容的战略不但将一些视频网站从版权和内容危机中解救出来，而且网站自制的部分内容还被传统媒体所看中，扩展了播放平台，视频网站也由此获得更大的利润空间。

（二）网络视频产业总体发展势头良好，带动微视频质量的提升

网络视频产业在中国兴起时间虽短短数年，但发展速度很快，视频产业良好的发展势头带动了微视频质量的提升。

原创视频的主要生产者拍客群体在中国兴起已有近十年，其间科技的进步使得拍摄工具不断升级，拍摄技术门槛不断降低，制作上传愈来愈便捷，许多拍客伴随着视频产业的发展一起成长，积累了较为丰富的经验——上述因素都有利于微视频质量的提升，其被传统媒体的采用率自然也得到相应提高。

网站制作的微视频情形相对较为复杂。网络视频行业经过几年的发展之后，显现出良好的发展势头：首先，网络视频用户和市场规模一直处于快速增长之中。截至2014年6月，中国网络视频用户规模达4.39亿，在网民中的使用率达到69.4%[①]。2013年行业整体市场规模达到128.1亿元，同比2012年增长41.9%[②]；其次，经历数轮大浪淘沙式的市场洗牌和模式再造，中小规模的视频网站被淘汰，众多实力雄厚的传统电视机构以及搜狐、腾讯、百度等网络巨头纷纷介入网络视频市场，视频网站在中国的发展呈现出比较稳健的势态；再次，在知识产权方面，由于与影视公司合作的普遍深入，以及彼此之间若干口水官司的震荡重整，网络视频的版权运营在观念和操作层面都趋向规范化；此外，反向受益于国家广电总局"限娱令"、"限广令"、"限外令"等一系列政策，广大受众和广告主对网络视频的倚重日渐增长[③]。综上，网络视频行业走势良好，产业化程度逐步提高，吸引了充足且持续的资本，大量专业影视业者进入视频网站的生产领域，连传统广电媒体人才的流动也越来越趋向视频网站：2011年，刘春从凤凰卫视中文台执行台长的位置上转投搜狐视频，今日已成为搜狐公司副总裁、总编辑；原星空卫视高管郝舫跳槽乐视网，负责原创内容的制作和运营；曾任第一财经总策划、央视《对话》制片人的罗振宇也以腾讯公关部总顾问的身份全面参与《腾讯V讲堂》等节目和活动；2012年底，著名电视人马东加盟爱奇艺，担任首席内容官。此外，在"限娱令"的束缚下，地方卫视不得不砍掉一些综艺节目，越来越多的卫视主持人也开始放下身段，前往生机勃勃的视频网站寻找新的发展空间，如江苏卫视主持人李响、彭宇，湖南卫视主持人欧弟、杜海涛等，都纷纷牵手视频网站主持综艺节目。据爱奇艺网

---

① 中国互联网络信息中心．第34次中国互联网络发展状况统计报告［R］．北京：中国互联网络信息中心，2014．

② iResearch．2013年中国在线视频市场规模达128.1亿元［DB/OL］．www.iresearch.com.cn/view/224597.html.

③ 徐帆．从UGC到PGC：中国视频网站内容生产的走势分析［J］．中国广告，2012（2）．

运营副总裁耿晓华透露，爱奇艺40%的团队是从电视台引进的人才，20%是同时在电视台和大型网站工作过的跨媒体人才。近来，他们还不断收到来自电视台工作人员的求职简历[①]。充裕的资金保障、人才由传统媒体向网络媒体“逆袭”，大大增强了视频网站在内容制作方面的实力，其生产的微视频在品质上也有了较大的提升。

（三）“反哺”的网络微视频符合传统影视业需求，是对其内容的一种有力补充

艾瑞咨询数据显示，面对个人PC、互联网、平板电脑、智能手机的冲击，中国人观看电视的时间在逐步减少，在北京电视的开机率仅仅为30%。而电视观看人群的年龄结构也开始“老龄化”，40岁以上的成为收看电视的主流人群[②]。面对这一严峻形势，电视媒体也在苦思对策，并将橄榄枝抛向了蒸蒸日上的互联网行业。

随着视频网站越来越“电视化”，其在内容方面的优势也逐渐显现出来。部分UGC新闻内容是极富传播价值的素材，传统媒体加以采用，能够很好地弥补自身采访的不足。剧情类和娱乐综艺类的微视频则有鲜明的网络特色，短小、轻松、活泼、幽默、想象力丰富，非常适合年轻受众的口味，是电视频道播放内容创新的一种尝试，特别是微电影这一内容形态，传统电视台尚涉及不多，购入播放是对电视缺失内容的一种很好的补充。知名电视剧评论专家李星文认为，走电视机与最新的网络技术的“联姻之路”，提高电视节目与网络节目的重合度，是提升开机率的有效措施。

此外，网络微视频价格相对较低也是其受到影视机构青睐的一个重要原因。业内人士透露，目前选择从视频网站中挑选自制内容拿到电视上播放的地方卫视基本上还是本着节约版权购买成本的目的。爱奇艺公关总监冻千秋表示：“不少城市地方台的资源、节目制作能力都远不如一线卫视强，他们对综艺节目有很大的需求，而我们制作的节目品质精良，价格又比社会节目制作公司便宜很多，所以较受欢迎。”

（四）视频网站与电视台积极联合，共同培育和播放精品微视频

早在2009年，业内人士就提出了“台网联动”的口号，然而过去的台网联

---

① 潘昕．视频网站走向“电视”时代　大规模“挖角”［N］．天天新报，2011-12-5.

② 佚名．开机率走低　电视文化渐行渐远？［DB/OL］．http://epaper.gywb.cn/gyrb/html/2012-06/12/content_296573.htm.

动仅限于一些宣传资源的置换。这两年，视频网站与电视台加快了内容联合的脚步，共同打造各种精品微视频。

2012年1月，以“新闻视频”为战略定位的凤凰视频联合凤凰卫视和深圳广电《DV生活频道》、广东台《DV现场》、河南卫视《拍客行动》、安徽卫视《超级新闻场》、江苏卫视、云南卫视等地方电视台，在全国范围打造“凤凰新拍客运动”，凤凰视频为此投入千万稿酬，并举行各类评奖和拍客训练营活动。优秀者还将赴凤凰卫视香港总部见习三个月，并有望留用成为专业记者。希望借此激发草根记者们的热情，在全社会掀起“公民记录”的热潮。优秀的拍客作品将在凤凰视频平台上播出，同时将被凤凰卫视《天下被网罗》、《时事直通车》等栏目选用。重大突发事件的现场视频，还将在凤凰卫视的BREAKING NEWS及联播平台中的各家主流电视台播出①。

2012年，央视联合腾讯视频等多家具有影响力的媒体共同发起“文明天下”媒体行动，希望通过拍客视频的呈现方式，呼吁每个人都行动起来，倡导文明行为。为此，腾讯视频面向全国3000多名拍客发出了“征集令”，寻找“文明使者”，最终征集到诸如《中国式过马路》、《北京香山游客不文明现象》、《西安缓堵出新招黑板曝光车号》、《公交车见闻车门前的激战》、《老人用生命谱写赞歌》等独家、高质量UGC拍客内容。自2012年10月下旬以来，央视《东方时空》、《24小时》、《新闻1+1》、《新闻周刊》、《新闻直播间》等重磅栏目多次采用腾讯拍客视频，平均每两天腾讯拍客品牌就在央视荧屏上落地一次，总共落地时长高达100分钟。

在综艺节目的制作方面，电视台和视频网站的合作也已经从单纯的版权采购延伸到了制作、推广和播出等各个层面，将综艺节目的价值进行最充分的挖掘。2012年，搜狐视频狠砸数千万，与湖南卫视《天天向上》团队合作选秀类节目《向上吧！少年》，试图在内容制作、台网联动、整体营销等产业链的各个环节上，开创一种全新且不可复制的模式。2013年1月，爱奇艺联手东方卫视人气选秀节目《顶级厨师》，无缝化对接双方节目制作、营销团队，从嘉宾选择到演播室录制，乃至后期节目播出推广，共同打造以《顶级厨师》内容为核心的“顶级美食三部曲”系列衍生节目。

---

① 晓茜. 凤凰视频千万赏拍客作品　新闻视频差异化发展 [DB/OL]. http://news.ccidnet.com/art/1032/20120106/3501351_1.html.

由“互联网从传统媒体获取节目”到“向传统媒体输出节目”的颠覆性转变，是更为草根、更为大众化的网络传播内容对相对专业化的传统媒体传播内容的一次胜利，对供需双方都是一种“共赢”。传统媒体通过选择质优价廉的网络微视频，既节约了成本，又丰富了内容，使得节目内容更加适合互联网时代大众的需求。网络媒体则缓解了版权和内容危机，且开辟了新的播放平台，增加了收入。在这种内容的反向输出过程中，网络媒体和传统媒体的关系愈加密切，通过网台联动可以引导“网民看电视，观众上网站”，共同提升品牌的影响力，对进一步提升网络微视频的生产质量也能起到良好的激励作用。

网络独立短片、公民视频新闻和网络原生视频是三类具有代表性的网络微视频，它们分别从个人、社会和传媒产业层面对媒介文化产生作用。以青年群体为生产主体的网络独立短片中，流露出浓厚的亚文化风格，实现了生产视角的“向内转”（对创作者私人空间的张扬）和“向下沉”（对主流霸权的颠覆和对社会底层的强烈关注），以另类反叛的姿态冲击着长期由精英把持的影像体系；众多由普通公民发布的报道社会现实的公民视频新闻，已建构出一个网络影像公共领域的雏形，其对弱势群体的自发关怀，对社会不公的极力披露，对公共事务的舆论监督，在一定程度上推动了社会民主化的进程；网络原生视频反向输出传统影视业，打破了传统媒体垄断影像生产的格局。网络媒体与传统媒体在视频内容上日益密切的合作，将对媒介传播生态产生重要而深远的影响。

第六章　策略建构：网络微视频生产的问题与发展

作为在政治宽松、经济发展、文化转向、技术进步条件下兴起的大众文化样式，网络微视频短短十年间就在网络上遍地花开，成为一种令人瞩目的网络应用，显示出强大的生命力，但同时也暴露出不少问题，对此我们应该保持清醒的认识。在此基础上需要思考的是：我们究竟该如何来评价和定位这样一种与传统影像颇为不同的新兴影像形态？我们又该如何进行规范、管理和引导，以促进整个产业持续、快速、健康发展？

第一节　网络微视频生产面临的问题

一、民主提升下的理性迷失

斯普劳尔（Sproull）和基斯勒（Kiesler）1986年提出的“缺失社会情境线索假说”（lack of social context clues）指出，在面对面（FTF）的互动中充满着各种社会情境线索，包括个人的职位、环境、表情、动作等，这些线索会影响人们的行为，但是源于网络上的匿名因素，以网络为媒介的传播（CMC）则无法承载这些社会线索，一旦去掉这些线索，社会的控制和规范会减少，从而使网络成为一个参与者平等的领域[①]。这一假说提示我们，网络在带给人们平等福音的同时，也打开了潘多拉的盒子。

---

① 约瑟夫·B. 瓦尔特. 以电脑为媒介的传播：非人际性、人际性和超人际性的互动［M］// 常昌富，李依倩. 大众传播学：影响研究范式. 北京：中国社会科学出版社，2000：413.

微视频特别是网民原创微视频为公众提供了新的话语平台，培养了人们独立思考、自由发声的习惯，极大地提高了人们参与社会生活的积极性，一部分拥有技术能力的普通民众借此成为信息时代的倡导者和主力军，边缘阶层、弱势群体也有了以“影像”方式实现话语权的机会，更好地享受到言论自由的权利——这是网络时代所带来的“网络推进民主”的体现，反过来也促进了民主、开放、和谐的政治文明建设。

但是，网络微视频生产和传播过程中民主、自由的提升也不可避免地带来了欲望的泛滥和理性的迷失。由于大量微视频由网民通过便携式设备即时上传，加之筛选过程中把关规制的弱化与分散，许多作品的真实性、客观性由生产者、传播者自己“把关”，伦理道德底线也由网民个人设置，致使信息真伪难辨、内容美丑混杂，并产生了一些独特的伦理道德、职业规范甚至法律问题，成为限制微视频发挥更大社会影响的主要障碍。

（一）猎奇偷拍：个人欲望的宣泄

相对于视频影像技术的发展，法律法规的健全和网络道德教育显得力不从心。在视频生产传播中网民更多也更容易表现其底层需求。众多通过 DV 镜头、手机摄像头进行透视性纪录的网络微视频，有可能使个体的私人空间最大限度地暴露于众目睽睽之下。

在视频拍摄者中，怀有猎奇、窥探心理的人本就不在少数，为了满足自己的某种低级情趣或者迎合他人低级趣味，他们专门拍摄以关注他人私生活为主的“偷拍”、“实拍”类视频。尽管网站对拍客上传视频会做出诸多限制，如禁止标题中有“偷拍”字眼，但“实拍”两字迅速取代“偷拍”，为这类视频披上了伪衣，加之个别网站监管不及时，于是这些视频便如漏网之鱼，一定时期内在网络上大肆传播。在笔者收集文本的过程中，发现大量偷拍情侣光天化日之下寻欢，偷拍三陪小姐受辱，或者偷拍电梯、写字楼里不雅行为等视频，在众多“艳照门”事件中，也有部分是当事人被偷拍所致。而且，这些带有“美女”、“激情”、“偷窥”等字样的视频，通常拥有较高点击率，有人戏称这一现象为“网民皆好色”。

除了偷拍之外，还有很多网民抓拍到的他人斗殴、打骂，甚至意外走光的镜头，这些未经当事人同意直接予以公布的视频不但对当事人产生了不良影响，其传播对于社会文明的影响也是负面、消极的。也有许多拍摄者习惯于将作品聚焦于妓女、吸毒者、乞丐等社会边缘群体。其实，问题并不在于把触角伸向边缘地带，而是部分拍摄者仅将着眼点集中在猎奇上面，陶醉于自我个性的极端宣泄，不顾别人的人格尊严、私密隐私等伦理问题。这种高高在上的同情和隔靴搔痒式的关爱，只能让人感到更深的冷漠①。

（二）造假诽谤：社会责任感的缺席

根据“匿名性原理”，在当人们淹没在人群中，没有人知道其姓名和身份，处于一种没有社会约束力的“匿名”状态时，会失去社会责任感和约束力，在一种“法不责众”心理的支配下，作出种种宣泄原始本能冲动的行为。网络正是这样一个使人们处于“匿名”状态的场所。故而网络“假面”在带来心灵的自由与舒张时，也使人们很容易淹没在人群之中，从而降低社会责任感和自控能力。就公共话题发表言论时，或对事件当事方进行攻击、污蔑、恶意诽谤；或言词粗俗、下流，败坏了社会风气；或只图嘴上痛快，完全置国家法律政策于不顾，造成极坏的社会影响；或由于某种不可告人的目的，故意发布虚假信息，造成社会情绪的波动，危及国家安全。凡此种种，对社会主义精神文明造成了严重污染。美国国家信息基础设施顾问委员会委员埃瑟·戴森曾指出：“数字化世界是一片崭新的疆土，可以释放出难以形容的生产能量，但它也可能成为恐怖主义和江湖巨骗的工具，或是弥天大谎和恶意中伤的大本营。”

在网民发布的微视频新闻中，新闻失实是较为突出的现象。有的新闻失实是由于拍摄视频的“公民记者”对拍摄范围、拍摄角度、采访人物的选择不够准确，对时间、地点、环境、言语等细节未能细心核实，导致视频未能客观全面地记录事实真相，这是缺少专业素养所造成的无心之失。但有的新闻失实却是由于缺少现实观念的制约而故意造假。2009年6月23日，新浪、网易、天涯社区、凤凰、中华网等多家知名网站论坛均出现《严晓玲，她比邓玉娇悲惨一万倍!》、《惨绝人寰：闽清常现无名女尸　严晓玲被8人轮奸》等帖文，引起广泛关注。网民普遍表达了对严晓玲悲惨遭遇的同情和黑恶势力的愤怒。许多人还将矛头指向了当地党委和政府，“丧尽天良”、“警匪一家”等情绪化的表达形成汹涌的网络舆论风暴。据查，这一帖子是在听取严晓玲之母林秀英描述之后加以整理、修饰，由网民范燕琼主笔完成的，其间更是请了一位境外网站的编辑“包装”。帖子中所称的轮奸人数“8人”，则是林秀英根据猜测，综合各种

① 王建磊. 草根报道与视频见证：公民视频新闻研究［M］. 北京：中国书籍出版社，2012：254.

"听说"得来的。在公安机关发布澄清消息后，网民游精佑"还是想对帖子有些不妥的地方做一个补充"，主动联系林秀英，制作了讲述的视频。警方在调查参与视频拍摄的人员时获悉，与游精佑一起拍摄的吴华英常常打断拍摄，停下来"教林秀英，要林秀英说得更生动一点，要感人"。该视频中许多事实与公安机关的调查结果完全不符，有些则是凭空捏造。视频发布后，大量网民信以为真，谩骂、诋毁被害人、政法机关和当地政府，严重危害社会秩序。最终法院以诽谤罪分别判处范燕琼有期徒刑两年，游精佑、吴华英有期徒刑一年。在这一事件中，视频发布者假正义之名，以虚构事实操纵网络民意，对事件当事人进行"道德审判"，造成了恶劣的社会影响，自己也未能逃脱法律的制裁。

（三）内容侵权：法律意识的淡薄

在自由民主的网络空间中，法律意识的淡薄导致的视频内容侵权现象屡见不鲜，突出表现为下述两方面：

一是微视频制作和传播中侵犯版权的现象十分突出。就现今发生的网络视频版权纠纷案件而言，其侵权形态大致可分为三类：视频分享网站用户发布侵权作品、视频点播类网站自行发布侵权作品、视频搜索类网站帮助搜索侵权作品[①]。早期网上盗版影视剧泛滥，2009 年底广电总局对网络版权整顿之后大量 BT 网站被关闭，网民个人盗播的现象有所好转，但网站之间批量盗播、视频搜索网站帮助搜索侵权作品引致的版权纠纷仍然时有发生。网民制作的侵权视频中，以"无意识"侵犯他人作品版权的情形最为常见。2006 年 7 月起实施的《信息网络传播权保护条例》第六条规定："通过信息网络提供他人作品，属于下列情形的，可以不经著作权人许可，不向其支付报酬：(一) 为介绍、评论某一作品或者说明某一问题，在向公众提供的作品中适当引用已经发表的作品；(二) 为报道时事新闻，在向公众提供的作品中不可避免地再现或者引用已经发表的作品……"上述条款是对网络作品合理使用的规定。对合理使用原则的解释，国际上较认同 1841 年 Joseph Story 法官在 Folsom v. Marsh 一案的判决中所提出的合理使用三要素，即：第一，使用作品的性质和目的。使用他人作品是为了促进科学文化进步并有益于社会公众，其新作品必须付出创造性的智力劳动而不是简单的摘抄。第二，引用作品的数量和价值。大量地引用原作或原作的精华部分，不能视为适当。第三，引用对原作市场销售及存在价值的影响

---

① 俞露. 网络视频侵权研究 [J]. 贵州大学学报：社会科学版，2010 (4).

程度。由于新作与原作往往是同一题材的创作，新作的出现有可能影响原作的销售市场，减少其收益，甚至有可能取代原作。因此必须考虑使用的经济后果。关于合理使用中版权网络作品的具体数量与质量，有学者认为，被使用部分不得超过10%，且不构成网络作品的实质部分，复制的数量不影响作者或版权人的经济效益①。此外，“广播节目中引用已发表作品的片断，声音不超过1分钟；电视节目或新闻纪录片中引用已发表作品的片断，画面不超过30秒”也是我国的一个通行标准。可见，法律所要求的合理使用应是适量摘用、有限复制的非实质性使用，如果以剽窃取代引用，以新作排挤原作，即构成不合理的“实质性使用”②。但在实践中由已有的广播作品、影视作品重新剪辑而成，或者在视频中大量引用影视剧片段、电视新闻作品的微视频比比皆是，主要原因之一是了解上述法律知识的人寥寥无几，故而“无意识”侵权行为屡屡发生，目前国家也尚未有针对性的法律法规及政策出台，无法对这些行为进行有效的约束。

二是微视频内容侵犯他人人格权（包括隐私权、名誉权、肖像权等)。相比文字而言，视频更为直观、形象、逼真，能够直接展现当事人的相貌和所处环境，出于各种考虑，许多人并不愿意出现于镜头之中，拍摄者和上传者稍有不慎就可能对他人权利造成侵害，并遭到法律控诉。对此国外早有先例。2006年，谷歌意大利网站上曾发布一段时长3分钟的手机视频，内容是几名少年戏弄一名患有唐氏综合征的男孩。该视频被指控为侵犯隐私及诽谤，尽管谷歌随后撤下了该视频，但谷歌的4名高管仍遭到刑事起诉并出庭受审。2008年，知名视频网站YouTube上，也曾经出现过一段2分48秒的视频，展示一对情意绵绵的情侣在上海某地铁站闸机口依依惜别，拥抱、热吻，再抱、又吻的热恋场景。该视频多角度反复拍摄情侣亲热，不时点评取笑，话外音里频现低俗语言。据上传者称，该视频来源于地铁站监控录像的画面，拍摄者则是地铁公司的员工。这段视频迅速成为各大视频网站的热点，点击率不断攀升，许多人愤怒谴责地铁工作人员行为“不道德”、“侵犯公民隐私”、“涉嫌违法”。2011年3月，北京市一少女到医院就诊，谁知医院竟擅自对手术过程进行录像，并上传到一家网站以及该医院网站上，甚至还上传到了医院院长的QQ空

① 陈永苗．网络作品的版权［J］．知识产权，2000（2）．

② 吴汉东．美国著作权法中合理使用的“合理性”判断标准［J］．外国法译评，1997（3）．

间中。因该视频是对隐私部位的治疗过程，故医院的行为使少女的精神产生了极大的痛苦，对其心理造成了严重伤害，少女愤而将医院及院长起诉至法院[①]。

二、技术异化下的人文隐忧

尼尔·波兹曼在《技术垄断》中写道："技术是现代传媒的一个重要属性，媒介技术一方面形塑了我们的思维方式和生存方式，另一方面也造就了现代传媒帝国的霸权。"网络微视频生产需要网络技术的支持、传播手段的更新，需要信息通信与互联网络的结合，需要高速率的信号传输速度，需要多样的能接入3G网络的个人移动终端。一旦离开了这些支持力量，那么，几乎所有的生产者都会丧失进行自由表达的精神独立，网络微视频文化的审美价值、个体表达也无从实现。因此，网络微视频生产不能须臾离开对传播技术的依赖，对人的依附转变成了对技术的依附，技术在网络微视频生产中极易成为一种与人对立的异化力量，并带来一些相应的问题。

（一）视像泛滥：视觉愉悦替代深度思考

史密斯在《齐格蒙特·鲍曼传》中讲述了一个关于现代"笼中人"的神话，隐喻现代社会人的生活。在现代性的城市中，人们生活在笼子里，在每个被高科技的锁链束缚在高科技栅栏上的现代笼子里，每人都有一本生活指南，它向人们解释作为一个现代的笼中人如何过上好的生活。这是一本让人快慰的书，阅读它能使每个笼中人感到十分惬意。它令人舒心的信息被电视机、录像机、CD-ROM制造的声音和图像所强化。在人们熟悉的笼子里，现代城市的笼中人被调整得十分适应他们的现实。一条叫"后现代性"的蛇每夜潜入城市，打开笼门，笼子里的居住者被惊醒，带着恐惧和好奇，他们走出笼外，却发现自己处于迷惑的状态，因为他们遗失了宝贵的生活指南而绝望得不知所措。后现代性和现代性两者是相连和共存的，这个神话隐喻了无论是现代社会还是后现代社会，人类发明和创造的日益发展的媒介技术不仅挤压了人类生存的空间，而且束缚了人的思想自由。这个神话更为深层的意义在于，揭示了媒介权力对人的"自主性"、"自由意志"的消解。媒介及其技术给人类生活带来了极大的方便，使人们在生活的道路上越来越依赖媒介，从生活购物、了解新闻事件、感知世界、文化阐释到价值观念，媒介成为人们生活中的意义之源，在以满足人

① 参见李京华. 手术视频惊现网络　少女追究隐私侵权［DB/OL］. http://news.xinhuanet.com/legal/2011-04/15/c_121309947.htm.

类需求的名义下，为我们提供了生活的“意义”保证。大众媒介俨然已成为当代社会人们的生活指南，为人类引导生活的方向。美国人类学家格尔兹对这种现象作了形象的比喻：“人类是悬挂在他自己编织的意义之网中的动物。”已习惯于在媒介指导下生活的人们，实际上已成为媒介编织的网中物[①]。

雷蒙德·威廉斯曾言：“任何新技术的契机，都是一种选择的契机。”[②] 后现代社会中人们对媒介尤其是网络视觉媒介的依赖日渐加深，光怪陆离的感官世界给人们所带来的视觉愉悦是如此美妙，以至于人们在享用媒介、沉溺于媒介提供的舒适方便的同时，渐渐地削弱乃至丧失了对于自身的存在和价值判断的敏感力，受制于媒介。这一情形不可避免地影响到了网络微视频的生产。

网络实现了弥尔顿所言的“观念的自由市场”，其“分权”特性使得每一个体都能真正成为传播主体。从过去语言的自由表达到现在影像的自由表达，网络传播改变了个体被动接受的普遍状态，实现了从“草根”到“偶像”的转变。更重要的是，微视频为那些追求快乐自由的表达者提供了强大的传播方式，传统意义上的媒介组织一统天下的传播格局被打破，“处处是中心”的理念成为网络时代的主导传播理念。传播渠道的畅通极大地刺激了传播信源的增加，微博、RSS、SNS、QQ、微信等各类社会化媒体的兴盛更是使得信息量以几何级数极速扩张，这一方面丰富了网络文化，另一方面也导致了信息的过量和超载，大量无关的冗余信息、低俗信息严重干扰了人们对有价值信息寻求的正常判断，阻碍了迅速查找相关信息的速度和选择的正确性。笔者曾随机选取新浪拍客联盟首页进行浏览，发现其视频排行榜上名列前三的视频分别为：《百亿富豪征婚千人来海选》、《男子求爱遭女孩男友暴打》、《男子不甘分手挥刀砍女友》。在排名前十位的视频中，与性、暴力有关的视频占到了7个，标题中充斥着“出轨”、“家暴”、“被揍”、“嫖娼”等字眼。尽管网站对微视频会进行一定的审核过滤，但是在商业利益的挑战和残酷的媒介竞争之中，为了赢得受众、抢占市场，许多网站对此类视频并不做严格把关，甚至暗中鼓励。

弗洛伊德的精神分析学说认为，人格结构由本我、自我、超我三部分组成。

---

① 贺建平. 仿真世界中的媒介权力——鲍德里亚传播思想解读 [J]. 西南政法大学学报，2003 (6).

② 雷蒙德·威廉斯. 现代主义的政治：反对新国教派 [M]. 阎嘉，译. 北京：商务印书馆，2002：192.

本我代表所有驱力能量的来源，按快乐原则行事，不理会伦理道德、社会规范的外在束缚。自我按现实原则行事，依据现实外部环境调整本我与客观世界的关系，理性地满足本我冲动。超我遵循道德原则，通过内化社会文化环境的价值观念和道德规范，约束自己的行为。现代生活中的压力常使本我的满足处于压抑状态，而网络世界的匿名性则给予使用者身份遮蔽的条件，其把关很大程度是自我控制，因此具有高度的自主性。在网络世界里，人们关心的不再是更为深刻、厚重的意义和价值，而是转瞬即逝的飘忽闪现的感官上的愉悦，以此来获得精神上的逃离，心理上的慰藉。用尼尔·波兹曼的话来说，就是“以视觉刺激代替思想”，“舍弃思想来迎合人们对视觉快感的需要”。这个时代似乎已经变成了没有深度感的、平面化的“读图时代”，变成了在流行趣味中获得快感的感觉总动员时代。无论是多么难以启齿的事，只要是能引发自我快乐的语言和行为，都会在网络这个空间里横冲直撞。加之 3G、4G 技术赋予更多的人以更多机会享用这一便利条件，因此加剧了网络变成信息垃圾场的可能。

（二）机械复制：文化工业消解艺术原创性

原创性是衡量影视文化作品艺术价值的一个重要标准。具有原创性的作品就是运用独特的艺术手段和艺术形式，表现了创作主体的独特个性和对生活的独特感受，具有独特风格和审美意蕴的作品。

在古典时期和现代时期，文化艺术无不以对独创性的追求为最高旨趣。但是，到了以文化生产为主导的后现代时期，机械复制技术和大众传媒的发展却带来了传统艺术的大崩溃。作为一种技术性的文化生产，文化工业通过现代科技手段大规模复制、传播文化产品的做法在很大程度上导致了文化的蜕变，即文化个性、风格、独创性的失落，也就是瓦尔特·本雅明所说的艺术作品丧失“灵晕”（aura）的问题。在《机械复制时代的艺术作品》一文中，本雅明敏锐地指出：“在机械复制时代凋萎的东西正是艺术作品的灵晕。这是一个具有征候意义的进程，它的深远影响超出了艺术的范围。我们可以总结道：复制技术使复制品脱离了传统的领域。通过制造出许许多多的复制品，它以一种摹本的众多性取代了一个独一无二的存在。复制品能在持有者或听众的特殊环境中供人欣赏，在此，它复活了被复制出来的对象。这两种进程导致了一场传统的分崩离析，而这正与当代的危机和人类的更新相对应。”[1] 对阿道尔诺作了进一步的

---

① 单世联. 文化产业研究读本（西方卷）[M]. 上海：上海人民出版社，2011：198.

发挥，指出在技术的逻辑支配之下形成的艺术技巧与在艺术的逻辑支配之下形成的艺术技巧有着截然不同的性质，他说："技巧这个概念在文化工业中，只是名义上与艺术创作技巧相同。在后者，技巧涉及对象本身的内在组织，涉及它的内部逻辑。相反，文化工业的技巧一开始就是机械复制的技巧，因此总是外在于它的对象。"①

文化工业通过大规模的机械复制所生产出来的产品具有标准化的特性，即内容、形式上的齐一化、同质化、模式化，这种内容形式上的标准化又与其精神内涵上的伪个性化紧密相连。之所以如此，原因在于文化工业是为消费而生产，它将赤裸裸的营利动机投射于各种文化形式上，"艺术抛弃了自主性，反而因为自己变成消费品而感到无比自豪"②。文化工业的制造者像生产流行服装一样生产流行文化，文化工业产品从一开始就是作为在市场上销售的商品而生产出来的。"在文化工业最典型的产品中，第一要务乃是追求精确而彻头彻尾地计算出来的效力，直截了当，毫不掩饰。"文化工业也看重艺术的独创性和丰富多样性，它尽量使"每一件产品都给人一种独特而有个性的感觉"，"不断地许诺给听众一些不相同的东西，因此来激发他们的兴趣并使自身与平庸之物拉开距离"③，但是，这种个性只是一种幻象，只会使人滋生一种"虚假的个体主义"，其目的在于使文化产品顺利地、不受抵抗地为大众所接受。因而，这种对艺术的重视只有在不妨碍其利润获取的情况下才是真诚的，一旦二者发生冲突，对利润的关注必定压倒对艺术的追求。杰姆逊指出："在现代时代，主体即使是异化了，也还是集中或统一的；而在后现代时代，自我已经分散，零散化了。用美学术语来说，这种二元对立意味着在现代时代，在'高压的现代主义观念中'，有着'独特的'和'个人的'风格。而在机械复制发挥着重要作用的后现代时代，只有'自由漂浮的、非个人'的情感，'个人风格越来越难以存在'。"④

归纳起来，文化工业对网络微视频中艺术原创性的颠覆和消解主要体现在

---

① 西奥多·阿道尔诺．文化工业再思考［J］．新德意志批判（第6期），1975（秋季号）：54．转引自姚文放．文化工业：当代审美文化批判［J］．社会科学辑刊，1999（2）．

② 马克斯·霍克海默，西奥多·阿道尔诺．启蒙辩证法［M］．渠敬东，曹卫东，译．上海：上海人民出版社，2006：79．

③ Theodor W. Adorno, Prisms, trans. Samuel and Shierry Weber, Cambridge, Ma.: The MIT Press, 1981, p. 126.

④ 王先霈，王又平．文学理论批评术语汇释［M］．北京：高等教育出版社，2006：605．

以下方面：①技术性的机械复制消弭了在传统的非技术性的个人创作中所附丽的生产者的个性、气息和灵晕。②批量化、规模化、系列化的文化工业生产滋长和鼓励了微视频创作中的类型化、同质化倾向，使生产者的创造力和想象力受到极大威胁。网络的出现比以往任何时期都显示了文化大规模生产和消费的壮观景象，其产品常常互相复制，或者形成千篇一律的模式，类型化产品也就随之产生。例如，在微电影领域，中国最大的微电影出品方“华影盛视”一直坚持“微电影类型化”，相继推出了“品牌定制微电影”、“校园爱情微电影”、“静态时尚微电影”、“明星音乐微电影”、“女性系列微电影”等类型化系列作品。类型化成为作者的自觉意识，类型成为作品的标签，每部微视频几乎都被贴上不同类型的、身份明确的标签，供网民在消费时代方便快捷地各取所需。③文化工业生产的海量信息和快捷、便利的机械复制技术为微视频生产中的复制、拼贴甚至抄袭现象提供了信息与技术上的支持。最突出的体现就是网络恶搞视频对传统影视剧的大量引用。如果说高质量的恶搞视频因融入了生产者自身的大量创作灵感和努力，进而成为一种富有创意和内涵的新的艺术形式，那么单调重复的“恶搞模式”和缺乏创意的反复“模仿”，则与不劳而获的“剽窃”相去不远，极易使观众产生“审美疲劳”。有论者认为：“事实上，大家都心知肚明，称原创性作品繁荣到了过剩程度的，显然是假话，因为‘原创’这个词广为流行本身就足以说明，原创力的匮乏正在成为普遍的社会文化现实，而文艺创作中的复制化，批量化，拷贝化，克隆化现象的日益严重，已经使得原创力危机无所不在，甚至已成为时代性的精神焦虑。”[①] 这段话用于描述微视频生产的情形同样适用。

三、商业冲击下的审美焦虑

不少研究者对微视频中所潜藏的大众民主、反叛力量持较乐观的看法，他们认为“微视频的自媒体或曰私媒体的潜能，使得年轻的制作者能够将政治权力与商业利益置之度外，无需考虑成熟的产业链、严格的编审制度、分工细致的制作团队、庞大的制作经费，等等，而表现为去政治化和反商业化的冲动，释放出被主流文化压抑的表达”[②]。

更多的研究者则意识到微视频“内容多元，充满张力：一方面，与商业文

---

① 雷达．原创力的匮乏、焦虑和拯救［N］．文艺报，2008-10-16.

② 陈霖，邢强．微视频的青年亚文化论析［J］．国际新闻界，2010（3）.

化和主流意识形态保持距离，注重仪式抵抗，张扬自我表现，青年亚文化特征明显；另一方面，又积极向商业文化和主流意识形态靠拢，或趋向商业化，或迎合主流意识形态，呈现出最终被收编的态势”[①]。“其反叛的力量很有限，而且它最终臣服于主流媒介的商业和权力逻辑。”[②]

笔者赞同后一种意见。脱离微视频所处的商业化社会来谈论其本质和发展态势是无法得出全面客观的结论的。视频网站作为一个个独立的经济实体，本身就具有较浓厚的商业色彩，它们将微视频视为提升网站点击率和人气的商品加以充分整合利用。随着网络视频产业化的逐渐成熟，草根制作者也从纯粹的自娱自乐转而寻求一定的功利目的，或企求通过高点击率获取奖金，或冀图成名后吸引与投资方合作的机会，媒体的需要与生产者的诉求可谓一拍即合。

商业力量的强力介入已使得充满反叛色彩的、具有思想内涵的个性化作品越来越少。在各种 DV 大赛、网络剧、微电影、网站自制视频栏目层出不穷、喧嚣不已之时，在草根、明星、大师赶趟般纷纷试水网络微视频之际，我们不能不警惕商业力量的侵蚀对微视频艺术审美的负面影响。

（一）日常生活过度审美化：审美题材无限扩大

简单说来，所谓“日常生活审美化”，就是直接将“审美的态度”引进现实生活，大众的日常生活被越来越多的“艺术的品质”所充满，亦即“把审美特性授予原本平庸甚至‘粗俗’的客观事物（因为这些事物是由‘粗俗’的人们自己造出的，特别是出于审美目的），或者将‘纯粹的’审美原则应用于日常生活中的日常事物”[③]。在大众传媒时代，以公共产业形式出现的各类文化艺术产品，正在依托高新科技和新兴传媒，借助经济全球化引发的文化资源跨地区配置和文艺产品跨文化营销态势，构成我们时代特有的日常生活审美化景观[④]。

德国后现代哲学家沃尔夫冈·韦尔施在 1988 年出版的《重构美学》一书中提出，日常生活审美化就经济策略而言，大都是出于经济目的，在于引起消费欲望。在大众传媒时代，日常生活审美化意味着消费文化或文化消费的选择权

---

① 董天策，昌道励. 数字短片的青年亚文化特征解读——以优酷网和 56 网的原创数字短片为例 [J]. 中国地质大学学报：社会科学版，2010 (6).

② 曾一果. 抵抗与臣服——青年亚文化视角下的新媒体数字短片 [J]. 国际新闻界，2009 (2).

③ 皮埃尔·布尔迪厄. 区分：鉴赏判断的社会批判 [J]. 国外社会学，1994 (5).

④ 陆扬. 文化研究概论 [M]. 上海：复旦大学出版社，2008：205.

将从卖方市场过渡到买方市场，意味着评判文化艺术作品孰优孰劣的趣味判断的权威，不再仅仅掌握在少数专家和行政部门手里，而使大众有了更多的参与权利①。在此情形下，一方面是后现代文化自身的特性使然，另一方面也是网站和生产者在眼球经济驱使下投大众喜好所致，网络微视频的题材较传统影视作品大大拓展。除了部分叙事完整、结构精巧的作品外，多部影视剧或多个电视节目的桥段拼贴、动漫、教学视频、街头见闻、居家生活的搞笑片段、对特殊人群或特殊场所的偷拍实录等，任何事物皆可被摄入镜头，被制作成微视频。尤其是一些富有趣味性的日常生活场景，或能够满足人们偷窥欲望的场面，无需完整的情节，也无需任何高超的表现技巧，只需冠上一个足够刺激火辣的标题，便可轻易地跃入视频网站排行榜的前列。一些视频自我表演秀实质上是商业包装与个体营销的手段，自拍者通过精心包装来营造个性，或者以特立独行的言行来搏出位。有着可爱脸庞和甜美嗓音的dodolook，其自拍视频从模仿秀、搞笑、创作、纯自拍到生活日记样样都有，dodolook借此迅速成为网络红人。

这种将自身与周遭生活不加取舍地作为审美题材的做法是一种审美的泛化，它以感官享乐为旨归，消灭了艺术和生活的距离，在“把生活转换成艺术”的同时也“把艺术转换成生活”。当一切事物都成为审美符号时，随之而来的是文化“雅”、“俗”的合流，传媒在贩卖产品的同时也贩卖了文化所有的终极意义。

（二）情色暴力与恶搞失当：审美趣味的低俗化

审美趣味的低俗化是审美泛化的必然结果之一。美国著名经济学家迈克尔·戈德海伯曾提出“注意力经济”这一概念。所谓注意力经济（attention economy），就是指最大限度地去吸引用户或消费者的注意力，通过培养潜在的消费群体，以期获得最大的未来商业利益的经济模式。迈克尔·戈德海伯认为以网络为基础的“新经济”，从本质上讲就是指“注意力经济”，在一种经济形态中，最重要的资源既不是传统意义上的货币资本，也不是信息本身，而是注意力，只有大众对某种产品注意了，才有可能成为消费者，才有可能去购买这种产品，而要想吸引大众的注意力，重要的手段之一，就是视觉上的争夺，也正是由此，注意力经济也称为“眼球经济”。诺贝尔奖获得者赫伯特·西蒙在对当今经济发展趋势进行预测时也指出：“随着信息的发展，有价值的不是信息，而是注意力。”

---

① 陆扬．文化研究概论［M］．上海：复旦大学出版社，2008：205．

当今社会是一个信息极其丰富甚至泛滥的社会，而互联网的出现，更是加快了这一进程。相对于过剩的信息而言，只有一种资源是稀缺的，那就是人们的注意力，目前融影音、图文于一体的微视频则成为 Web2.0 时代一种新的注意力经济载体。为了吸引更多的“注意力”，一些微视频将目光转向满足人类本能欲望的一些低俗内容。低俗化倾向在网络微视频中已全面展露，突出地表现为三大元素充斥，即“情色元素”、“暴力元素”和“恶俗元素”。

“情色元素”在微视频中可谓司空见惯。“情色”不同于赤裸裸描述性行为的“色情”，后者的代表如 2006 年张钰的性爱录像带。该录像带使首先上传的优酷网流量增加了 10 倍，一个月后，优酷网就拿到了高达 1200 万美元的风险投资。再如 2007 年电影《色戒》和《苹果》公映时被删的性爱片段曾在各大视频网站疯传，造成了不良后果——此类“色情”微视频尽管有足够强大的眼球效应，但囿于种种限制，数量毕竟相对较少。许多微视频（包括许多制作较精良、传播较广的微视频）虽然并不以色情信息为重点，但在实际运用中却出现了很多与性有关的语言和笑料，以增加点击率，这可以称为“软色情”或“情色”。优酷网出品的系列都市情感剧《泡芙小姐》中一些大胆露骨的涉性镜头，让观众直呼“太色”；酷 6 网打造的有“男版《欲望都市》”之称的都市白领新媒体电影《男得有爱》赫然打出“交友性手册”的广告语；同样是酷 6 网制作的微电影《青春期》中，出入游戏场所、酒店、迪厅，和一群非主流姐妹、富二代鬼混。穿名牌、抽烟、酗酒、拜金、逃课、打架、泡夜店、耍男人等构成了女主角、90 后少女程小雨的主要生活内容。剧中强奸、手淫、堕胎等情节比比皆是，被称为“最火爆、最叛逆”的 90 后微电影。对此网友“格啦啦”在豆瓣电影评论说：“并不是每个 90 后都做过无痛人流，我们活的是青春期，不是性躁动期。”还有网友说，导演和编剧“一不小心就把青春期拍成了发春期，差了一个字”；乐视网自制综艺节目《魅力研习社》首版预告片曝光后，由于其明显的性挑逗意味在网络上引发了极大争议，被网友评价为“如日本 AV”、“尺度之大简直达到了中国综艺节目史上前无古人的地步”；桔子水晶酒店出品的“爱与激情”星座系列广告宣传微电影中洋溢着浓得化不开的情色诱惑，这一点就连酒店市场总监陈中也有所认识，他表示：“第一期‘爱与激情’主题系列无疑是成功的，但也潜藏一个问题，那就是怕给品牌带来负面影响，让人误以为我们的酒店就是一个欢愉的场所。未来，我们的微电影将要怎么拍，以什么为主题，仍是需要认真考虑的问题。”

诉诸武力血腥的“暴力元素”也是用以吸引眼球的惯常策略。乐视网自制剧《东北往事之黑道风云三十年》以令人“血脉贲张”作为卖点，讲述了几个退伍士兵打着除恶扬善的旗号，逐步成为黑社会流氓的病态、残酷的黑道故事，整部剧集粗话不断，血腥暴力，一言不合就拔枪弄刀，多次出现挑断手筋脚筋、砍手指等残忍画面[①]。同样，许多微视频新闻一味以网民趣味为导向博取点击率，堕落为“星”、“腥”、“性”俱全的“黄色新闻”。在各大视频网站的原创排行榜上，点击率较高的新闻普遍比较侧重社会负面报道，凶杀、斗殴、强奸、犯罪等题材的内容占据了半壁江山。

“恶俗元素”即微视频立意低下，缺乏内涵，只一味追求刺激、宣泄、好玩。最具代表性的是恶搞失当，如恶搞名人、红人、历史人物，恶搞名著、知名作品、红色经典，恶搞普通人、普通事，甚至恶搞自己等。在恶搞作品中，忧国忧民的“诗圣”杜甫时而手扛机枪，时而挥刀切瓜，时而身骑白马，时而脚踏摩托，忙得不可开交；万众敬仰的铁面判官包青天“躺着也中枪”，恶搞的焦点都集中在他的“黑”上，从黑色易于隐藏取证，到黑色可以深夜保命，再到黑色的QQ下线……网友们深深感叹，包大人额头为什么是月亮而不是太阳，因为它贴切地诠释了“白天不懂爷的黑啊”；雷锋是因为帮人太多累死的，黄继光摔倒了才堵枪眼，潘冬子变成了整天做明星梦、处心积虑想挣大钱的“追星族”……人们心目中的英雄人物形象彻底遭到了阉割。

（三）无处不在的广告仿像：审美意象不断消解

意象（Images）是中国美学和艺术的重要范畴，它不是指视听、感知的具体形象，而是指通过心灵去知觉、感悟事物背后更深刻的存在，这一范畴开拓了中华审美活动超越再现和模拟，追求生命、宇宙高远境界的传统。艺术创作追求某种内在的审美价值，始终坚持并努力维护属于自己的创作规范和标准，这使得艺术品的审美话语具备了丰富的蕴涵，所创造的形象则成了诗意的存在，带上了某种朦胧的神性和不可复制的独特韵味，体现了艺术创作适度、节制的原则，我们把这种形象称为意象[②]。

仿像（Simulacrum，又译类像、拟像、幻象等），由法国当代著名思想家

---

① 孙佳音，陈晓彬．自制剧被指运用情色元素不当　恐对少年有负面影响［N］．新民晚报，2012-2-26．

② 张殿元．广告仿像对审美意象的消解［J］．社会科学战线，2003（6）．

让·鲍德里亚提出，用以指称后现代消费社会大量复制、极度真实而又没有客观本源、没有任何所指的图像、形象或符号。“仿像与真实不再像传统社会那样发生现实的关联，他只是纯粹的模拟物本身。”广告是消费社会的伴生物，其制作以商品消费和商业利润为出发点，商品交换是其内在的逻辑，表现在所创造的形象上就是日常的、可复制的、世俗的和暴露的，我们称这种形象为仿像①。

网络微视频与广告接触越来越亲密已成为不争的事实。目前大多数微电影的制作成本都来自广告品牌的赞助冠名，因此创作、生存在很大程度上依附于广告市场，以致于许多业内人士将微电影视为“加长广告片”。2011年底成立的“金瞳奖微电影节”就是由专业广告网站“广告门”与新浪联合主办的，所有获奖的微电影皆为广告作品。植入式广告在微视频中也比比皆是，网站自制剧/自制节目之所以多走青春、时尚、偶像、娱乐路线，一个重要原因是网络视频的主体受众——青年群体是众多产品的主要消费人群，这类视频更易植入广告，可以通过明星偶像的号召力刺激消费，美化产品，进行针对性营销。如网剧《泡芙小姐》就是以一位生活在都市、具有小资情调的时尚女性——泡芙小姐为主人公，将人人网、新浪微博、联想乐PAD、索尼爱立信、雪佛兰SPARK等品牌与现实生活进行无缝对接。就连以分享、宣泄为主的网络恶搞视频中的商业宣传意味也越来越浓。恶搞鼻祖胡戈走红不久就转向商业路线，相继制作了《总统的反击》(阿里巴巴网站)、《解救白雪公主》(七喜饮料)、《血战到底》(电影《血战到底》宣传广告)、《步步惊奇》(家安洗衣机槽清洁剂)、《咆哮私奔谍战剧》(家安空调消毒剂)等一系列搞笑广告短片。

微视频中功利性的、“物欲化”的广告仿像无处不在，从以下两个方面不断地消解着超功利性、非物欲性的艺术审美意象：

其一，广告仿像的平面化削减了艺术审美意象的深刻性。瑞典美学家布洛提出的审美距离说认为，审美主体与审美对象之间保持适当的心理距离，才能产生美感。因而艺术创作总是试图拉开审美意象和生活物象之间的距离，以“陌生化”的手法创造出含蓄的意蕴，为欣赏者留下值得回味的审美意义空间。与此相反，广告是商家的代言人，以推销商品或服务为目的，广告作品往往需要借助科技手段逼真地再现产品，其宗旨在于简单、通俗、明了。在爱奇艺网的“城市映像”微电影系列启动之初，就有某手机商提出，合作的条件是片中

---

① 张殿元. 广告仿像对审美意象的消解 [J]. 社会科学战线，2003 (6).

所有演员必须人手一台该品牌的新款手机，而且要给这款手机打很多特写镜头，强调这款手机的外形、性能。又如胡戈制作的广告短片，其共同特点是表演夸张、情节离奇、笑料粗俗、广告植入生硬明显，并无多少艺术性可言，也完全丧失了其初期作品中的批判锋芒。广告仿像直接指涉日常生活中的物象，仿像成了物象的等同物，在广告仿像的符号逻辑构成中所指消失，一切都成了能指的拼接游戏，在追求对指涉物的逼真模仿中，广告符号消除了能指和所指之间复杂的张力，意义的生成空间也随之消失了[①]。在实践中，艺术审美意象的含蓄蕴藉被广告仿像平直浅陋、暴露窥隐的现实击得粉碎。

其二，广告仿像的同质化损害了艺术审美意象的个性化。意象是艺术家将主观情意与客观物象巧妙结合后创造出来的饱含主体情思意念的艺术形象，体现了艺术家对世界的独特体悟和认知，是不可复制、充满“灵晕”的。而广告以被更多消费者接受为衡量成功的标准，广告并非不讲究个性化，但这种所谓的“个性化”是针对不同消费群体的消费需求与特点所进行的广告诉求的个性化，它最多表现消费者群体的个性化而非制作者的审美个性化。当面对同一群体的消费者时，广告是标准化和同质化，或者说“伪个性化”的。一旦广告制作者努力追求广告审美表现的个性风格，必将受到来自商品、消费者、广告主等多种因素的制约，创作自由受到严重束缚。导演赵天宇坦言自己拍摄微视频广告的感受：“虽然拍摄手法比过去的传统电视广告要丰富些，但你的核心动力还是为了体现商品，导演在那里面不太能表达自我。”[②] 因此，艺术创作的仿像制作是对传统的审美表现追求创造性与个性的消解，它产生的是一个威胁创造性和个性的同质性大众文化，这种文化抹平了审美意象中的深刻的意蕴，又以大量生产的复制品将审美意象逐出广告审美领域，它带来的后果是人们对意义追求的削弱和漠不关心[③]。

商业化冲击所带来的审美题材无限扩大、审美趣味低俗化以及审美意象不断消解已极大地影响了微视频的艺术品格。如果创作者对此仍没有一个清晰的认识，微视频赖以生存的艺术精神就有可能被商业手段逐渐蚕食，其所蕴涵的中国传统的文化意蕴也会随之消失。

---

① 王纯菲. 广告审美文化的后现代性表现 [J]. 辽宁大学学报：哲学社会科学版，2009 (2).

② 牛萌，孙琳琳. 微电影现状弊端再受关注　遭广告商挟持前途未卜 [N]. 新京报，2012-5-9.

③ 王纯菲. 广告审美文化的后现代性表现 [J]. 辽宁大学学报：哲学社会科学版，2009 (2).

四、行业整体“烧钱”的盈利困境

（一）盈利现状不容乐观

尽管网络微视频发展势头迅猛并积极向商业化靠拢，单个微视频生产成本也相对较低，但网络微视频产业是技术高度依赖型产业，带宽、运营等各类成本居高不下，需要巨额的资金投入。在高昂的投入之下，行业整体至今尚未盈利。艾瑞咨询报告称，目前99%的国内视频网站都处于亏损状态。以目前我国网络视频行业的领军网站优酷土豆为例，其财务报告显示，2013年优酷土豆共亏损人民币5.807亿元。2014年第一季度优酷土豆带宽成本为人民币2.019亿元（占净营收的29%），净亏损为人民币2.247亿元。国际调查公司ComScore的报告指出，中国企业购买带宽的价格与美国同类企业如YouTube比较“大概是四倍”。

这可以解释为何自起步伊始，民营视频网站就不断寻求风投和融资，门户视频网站和视频“国家队”则背靠强大的母体源源输血，而小的视频网站只能在激烈的资本竞争中纷纷倒闭。优酷网上市时向美国证券交易委员会提交的招股书显示其自2005年11月至2010年9月共进行了六轮融资，总金额高达1.6亿美元。2010年12月8日，优酷上市时首次公开募股2.03亿美元，2011年5月再次融资4亿美元。2014年4月28日，合并后的优酷土豆集团又从阿里巴巴的战略投资中获得了12.2亿美元。——“烧钱”成为视频网站巨大流量与整体高速增长的支撑。尽管目前仍有不少风投资金看好这一行业，少数运营较好的视频网站也开始实现盈利，但不断“烧钱”与行业整体上盈利的举步维艰之间所形成的巨大反差仍是目前产业短期求生存迫在眉睫的问题。

（二）盈利模式存在缺陷

哈佛大学商学院教授迈克尔·波特在《竞争优势》一书中提出了“价值链”概念。波特认为：“每一个企业都是在设计、生产、销售、发送和辅助其产品的过程中进行种种活动的集合体。所有这些活动可以用一个价值链来表明。”价值链中的价值活动包括直接创造价值的基本活动和为基本活动提供条件并提高其绩效水平的支持活动两个层次[①]。价值链的联系分为横向联系和纵向联系。前者是构成企业价值链本身的各要素之间的联系，创造价值的方式是通过要素本身或

① 迈克尔·波特. 竞争优势［M］. 夏中华，译. 北京：中国财政经济出版社，1988：21-30.

者要素组合顺序的新颖独特性造就企业的竞争优势。后者是企业价值链与相关产业中企业的价值链之间的联系，创造价值的方式是通过成本控制和管理来加强企业的竞争优势，使企业能够用最小的投入产生最大的收益[①]。不难看出，波特价值链理论关注的核心问题是盈利，盈利模式应该从价值链当中寻找。该理论有助于更好地分析某一企业甚至产业的价值行为，以得出适合的盈利模式。

构成我国视频网站盈利模式的要素包括平台运营商、内容提供商、技术提供商、网络视频用户、版权分销商和广告代理商，其相互关系如图 6-1 所示：

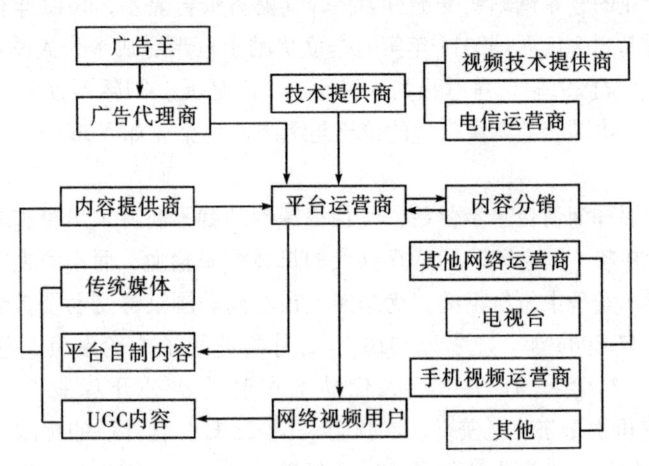

图 6-1　我国视频网站盈利要素结构图[②]

最理想的盈利模式是包含以上所有盈利要素且相互之间能够形成有机互动。具体来说，以视频网站为主的平台运营商的盈利模式可以分为两部分共三个阶段。在第一部分，平台运营商利用广告盈利，其中的第一阶段为支持活动，平台运营商接受内容出版者上传的视频内容并以此吸引用户注意力；第二阶段为基本活动，平台运营商通过二次销售将注意力卖给广告代理商以盈利。而整个第二部分均可被视为基本活动，平台运营商利用广告以外的手段盈利。目前我国视频网站的盈利模式尚存在不少缺陷，具体表现为：

①盈利要素不完整，对技术提供商和版权分销商重视不够。

---

① 迈克尔·波特. 竞争优势［M］. 夏中华，译. 北京：中国财政经济出版社，1988：21-38.

② 中国互联网络信息中心. 2010 年中国网民网络视频应用研究报告［R］. 北京：中国互联网络信息中心，2011.

②价值链短小，盈利来源单一，过分依赖广告盈利。业界人士普遍认为，目前国内视频网站已经形成了一条以“内容—平台—注意力—广告”为主的粗线条的产业链。优酷土豆2014年公布的第一季度财报显示，在7.004亿元人民币的净营收中，广告收入多达6.233亿元，占总营收的89%。然而，单一的视频广告所带来的微薄收入并不足以支撑正处于“烧钱”状态的视频网站正常运营所需要的成本花费，光带宽成本一项就已让许多视频网站的经营者头疼不已。

③微视频质量良莠不齐，难以在价值链中起到足够的“支持”作用。目前各大视频网站上传的视频内容雷同严重，且不乏虚假、色情、暴力、恐怖、低俗、反动等不良视频，这些内容有些因为质量粗糙而严重影响了视频网站的公信力和竞争力，有些虽然因极具“爆炸性”和刺激性而在某一段时间内为网站带来了巨大流量，但这些流量都不具备与网站的高粘连度，来得快去得也快，不具备商业价值，是无法为视频网站带来盈利的“沉默流量”。长此以往，视频网站将难以盈利。

④盈利模式结构松散，盈利要素之间互动性不够，未能形成紧密分工合作的局面。

第二节　网络微视频生产的发展路径

一、网络微视频生产的发展前提

（一）准确定位网络微视频

在探寻网络微视频的发展路径之前，似乎有必要对网络微视频进行一个准确的定位。笔者认为，网络微视频是一种源于草根大众的、快速消费的视觉文化样式。

作为一种文化样式的微视频是通俗文化（按照雷蒙·威廉斯的观点，通俗文化是“民众在实际上为自己而创造的文化”[①]）和大众文化的一个组成部分。微视频的时长决定了它的碎片化，在所有的视觉文化样式中，微视频是即时消费性最为明显的一种，因此相对于传统影视剧等长视频而言，其主要优势在于迅速传递信息和填补碎片化时间。制作的便捷和网络的互动开放又赋予它浓重

---

① 多米尼克·斯特里纳. 通俗文化理论导论 [M]. 周宪，译. 北京：商务印书馆，2001：8.

的草根气息，我们很难在微视频中看到主旋律影视剧中常见的为主导意识形态摇旗呐喊的痕迹。在生活节奏日益加快的现代社会，在移动终端日益普及的技术文化时代，在公众表达欲望日益强烈的网络时代，微视频自有其不可替代性。

任何行业的发展都有一个类似金字塔的结构——基础越扎实，建筑越稳固；基座越大，顶点越高。如果将微视频生产视作一种生产力，那么在整个影像工业体系的金字塔构架中，微视频应处于金字塔的底层，即大众基础最为深厚，形态最为大众化平民化，建筑其上的是形形色色的电视台、电影厂、影视制作公司等所生产的，由专业影视从业者制作的电视新闻、电视剧、电影等视觉文化产品，后者管理上更为严格，制作上更为精致，更适合以宏大叙事来表达深刻的思想，也更适合承担官方所需要的宣传职能。因此，微视频与长视频各擅胜场，是一种互为补充的关系。

（二）正确认识文化、技术、商业逻辑之间的关系

如第二章所述，文化逻辑、技术逻辑、商业逻辑作为网络微视频生产中的三大逻辑，彼此之间密切勾连。网络微视频欲赢得较好的发展，必须正确认识文化、技术、商业逻辑之间的相互关系，并巧妙地将三者之间的矛盾化解于无形，既能利用技术逻辑而不被技术所异化，又能满足商业逻辑的经济需求，还能兼顾文化逻辑的批判意义，使三者之间达到一种较为和谐的状态。

1. 文化逻辑是商业逻辑和技术逻辑的基础

艺术是人类文化的载体，网络微视频既是一种艺术形态，也是文化产品，需要承载一定的思想文化内涵，具备满足人们精神交流和审美需要的艺术功能。网民之所以观看微视频，首要原因就在于它的文化产品属性，从节目的观赏中可以获得精神上、审美上的享受，或放松，或愉悦，或刺激，或有所启迪和收获，文化性是商业性和技术性的基础。

从艺术生产或文化生产的角度来看，现代文化生产分为两大类：一类是以营利为目的、通过市场交换得以实现的商品化文化生产，生产出的产品是文化商品；另一类是不以营利为目的、直接服务于社会公众，并且依靠公共财政和社会力量等市场化手段进行的公共文化生产，生产出的产品是公共文化产品。尽管商品化文化生产日益成为现代文化生产的代表，但这并不表明公共文化生产可有可无[①]。

---

① 鲍金. 文化的商品与公共产品特性［J］. 哲学动态，2008（9）.

产业化进程中的网络微视频兼具文化商品和公共产品双重属性。公共产品属性要求网络微视频以公益为旨归，对文化性的追求自不待言。作为文化商品的网络微视频，也绝不同于一般的商品——商业性与文化性，是文化产业市场中文化商品的基本特性。过于艺术性的微视频有可能因市场性的薄弱难以被消费者接触或认可，无法在激烈的市场竞争中立足。但一味追逐商业性也会适得其反，因艺术性的消减而失去欣赏价值，失去受众，无异于自掘坟墓。这意味着网络微视频在追逐利润的同时，必须时刻牢记自己的“文化”身份，以文化性为基础。无论商业性的风筝飞得多高，始终不能脱离文化性这根牵线。只有在商业性与艺术性之间找到平衡点，才能实现艺术与市场的双重扩张。

技术手段的使用，也必须以更好地表现作品的思想性和艺术内涵为目的，而不是为技术而技术的一味炫耀技术。以相近的电影产业为例。近年来，在国内知名导演制作的电影中频频出现由各种特技堆砌而成、炫耀制作、形式大于内容的作品，以“三大导演”张艺谋的《满城尽带黄金甲》、陈凯歌的《无极》和冯小刚的《夜宴》为代表，这些投资过亿、华而不实的所谓“大片”无不遭遇票房和口碑的“滑铁卢”。总结经验后的冯小刚又相继制作了《集结号》、《唐山大地震》，片中的特技和内容完美地融为一体，这两部没有大明星、不是典型商业片的影片大获好评，打了一场漂亮的翻身仗。在微视频领域，也应同样遵循技术为思想文化艺术服务的宗旨。

2. 技术逻辑为商业逻辑和文化逻辑提供动力

以信息技术为代表的高新科技为文化产业的发展提供了巨大的动力，尤其对于网络微视频这样的新兴网络文化业态，技术的推动作用更为明显。无论是生产过程中商业化的实现，还是对文化性的追求，都需要高新技术这一动力系统的支持。

中国互联网络信息中心（CNNIC）的网络视频专项调查表明，在用户选择网站的决策因素中，35.2％的用户选择了“播放流畅”，位居第一，看视频不卡仍然是用户选择网站的最主要因素；“清晰度高”位居第四位，选择的比例为23.4％，如图 6-2 所示①。网络视频的流畅度主要取决于网络宽带环境，而清晰度主要取决于视频生产技术，二者都与技术密切相关，都能对用户的选择发挥

---

① 中国互联网络信息中心. 2013 年中国网民网络视频应用研究报告［R］. 北京：中国互联网络信息中心，2014.

决定性作用。这表明通过应用高新技术来增加微视频的流畅度与清晰度，可以显著改善用户体验，培养更多的忠诚用户。

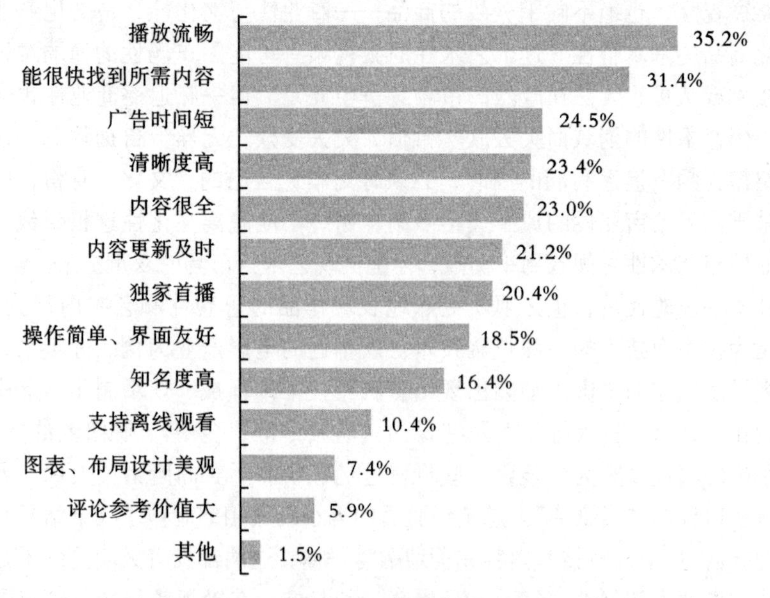

图 6-2　2013 年用户选择视频网站的因素①

视频观看品质的提升、流量的增加也就意味着商业价值的增加。在微视频发展早期，视频网站的巨大流量无法有效地转化为广告价值，一个重要的原因在于微视频画质低且经常“卡”，大大降低了广告的可视性和广告客户的品牌辨识性。网络广告界著名营运商龙拓互动的 CEO 苏义认为：“以往视频的清晰度不够导致只能吸引一些长尾广告或效果付费型广告，难以吸引对清晰度和播放质量都很挑剔的品牌广告。”微视频技术的进步无疑可以带来广告价值的相应提高，吸引更多的广告客户。

不仅如此，用户体验的改善，增加了微视频付费模式推广的可能性。中国视频用户长期以来习惯于享用“免费午餐”，付费的比例非常低。如图 6-3 所示，截至 2013 年 12 月底，中国网络视频用户中有过付费行为的仅占 11.7%。而在有过付费行为的用户中，高达 75.6%的是仅发生过一两次的偶然付费行

① 中国互联网络信息中心. 2013 年中国网民网络视频应用研究报告［R］. 北京：中国互联网络信息中心，2014.

为，显示出当前中国网民付费收看视频的习惯还非常不成熟。在极为有限的付费用户中，25.3%的用户缘于“付费后清晰度高”[①]。无疑，视频清晰度的提高，会增加用户的付费热情。

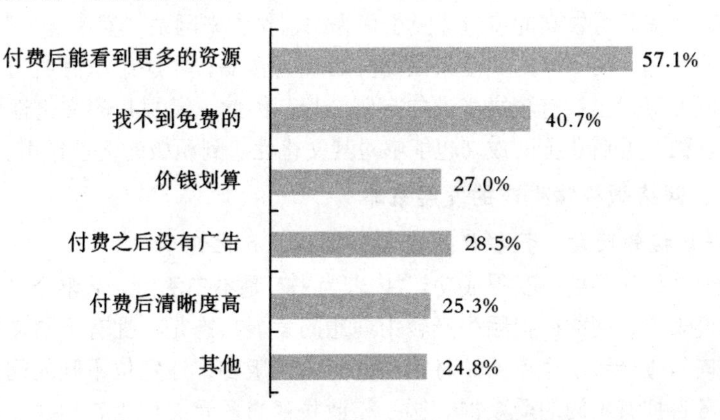

图 6-3　2013 年网络视频用户付费原因[②]

技术对微视频文化艺术表现力的拓展也表现在许多方面，除了因清晰度的提高而给网民带来更为愉悦的审美享受之外，技术还使视频艺术获得了工具的革新，改观了视听形式和表现领域，采用 Flash、动画等手段，令仅靠真人扮演难以获得的视觉效果变得可能，还可以将真实拍摄的人物与手绘动画人物处理在一个画面，从而使创作者实现了对物像较为自由的控制。通过影像的扫描、调和、抽取、分离、删除、复制、拼贴、集合、排列、组合，可轻易对已有素材进行再加工，运用得当则不但大大提高了创作的效率，还赋予人们熟悉的影视片段一种出其不意的“陌生化”效果……凡此种种，在传统影视剧制作领域已被反复提及，这里不须赘述。

3. 商业逻辑为技术逻辑和文化逻辑提供支持和保证

在中国市场经济体制日益成熟的今天，所有的文化生产已被纳入整个社会的生产消费系统之中，文化的市场化、产业化趋势不可逆转。微视频商业化所提供的资金和利润既能够为技术的不断更新换代提供支持，也成为文化品质得

---

① 中国互联网络信息中心. 2013 年中国网民网络视频应用研究报告 [R]. 北京：中国互联网络信息中心，2014.

② 中国互联网络信息中心. 2013 年中国网民网络视频应用研究报告 [R]. 北京：中国互联网络信息中心，2014.

以维持和提升的经济保证。

无视文化产品的商品属性，对文化与商业的联姻不屑一顾的态度并不可取。只有依靠成功的商业运营，才能在市场上站稳脚跟，拥有广大的受众群和良好的用户黏性，获得较高的流量，吸引优秀的创作者来网站“安家落户”；才能获取更多的利润，用丰厚的奖金来激励写出优秀作品；才能组织有实力的原创团队，为网民奉献出具有较高水准的自制节目。因此，微视频的文化性固然是商业性的基础，但商业上的成功也能够对其文化性起到积极的促进作用。

二、网络微视频生产的发展策略

（一）视频网站：挖掘优质内容，实施差异化竞争

任何文化产品要想获得成功，“内容为王”是不二法门。从整个产业发展的宏观角度来看，网络微视频生产较为理想的发展状态是：拥有不同文化背景和价值取向的生产者所生产的题材风格迥异的出版物，在定位不同的网络平台上传播，各自拥有不同的受众群。这一和谐共存的多元文化生态构建在视频网站差异化与多样化的发展战略上，目前主要有以下几种发展模式可供参考：

1. 版权出品模式

即大力扶植和培育网站原创团队，不断推出以自制栏目、网络剧和微电影为主的原创作品，打造原创品牌，走自制内容差异化竞争之路。

对于视频网站来说，内容的差异化是提高点击率的关键。2012 年伦敦奥运会期间，各大视频网站纷纷将自制视频作为差异化竞争的突破口：搜狐视频推出了以《西游伦敦记》为核心的十几档原创节目，邀请众多文艺和体育界明星担纲主持；优酷的报道侧重奥运对人的影响和启迪，拍客节目是重头戏之一；土豆则将重点放在与央视体育频道的合作，通过该频道大型专题节目《361 伦敦行动》展开报道；腾讯除《品蔚英伦》等 10 档原创节目外，还制作了奥运冠军参与的 10 部奥运微电影。

“版权出品”的网络剧和微电影成本远高于时事资讯类微视频，因而很难避免广告的介入。在这种情况下欲保持微视频的品质，必须以故事为导向，将广告巧妙融入剧情类微视频。在策划和剧本写作阶段就要十分注重创意。其次还要有较高的讲故事的技巧。在哪个时间段讲故事更加完整并让用户得以接受？在哪个节点加入广告更能与作品融为一体？类似问题都要反复琢磨。要充分运用多种表现手法，使品牌内涵与艺术形式水乳交融，在个性化的故事中不着痕迹地凸显品牌理念和品牌价值，令商业元素为故事所用，为创作所用。

2. UGC内容模式

主要依托网民草根力量，原创性更强，它为分散的个体生产者提供了一个绝佳的上传分享平台，对广告客户来说也是一个可以和用户产生频繁互动的营销平台。这一模式十分注重与博客、SNS、微博等社会化媒体相结合，以大幅提升微视频的传播速度和广度。

据调查，在内容的选择上，电影和电视剧是网络视频用户最为喜爱的内容，分别以92.6%和87.2%的用户观看比例位居前列。新闻、资讯、时事类的视频节目次之，比例达74.5%。原创/自拍/DV秀等UGC类视频内容在所有网络视频关注内容中比例较低，为29.6%[①]。可见目前UGC类微视频对网民的吸引力仍难以与传统影视剧相抗衡。究其原因，UGC类原创微视频拍摄层次低、水平参差不齐是一个重要原因。微视频以网民原创作品起家，草根气息浓厚，如果网站就此放弃原创类微视频，则大大消减了网民的创作和表达热情，无异于因噎废食，可以通过对优秀作品进行奖励、加强把关管理等方式来提高创作质量，保证文化品格，实现UGC内容的精细化运作。

除此之外，笔者认为，与传统媒体联手，发展拍客类视频，是UGC内容模式下一条较好的出路。新闻时时都在发生，专业记者却不一定能够在第一时间内赶到新闻现场，在拍摄器材日益便携化的今天，拍客视频已成为电视台专业视频新闻必不可少的补充。拍客类视频时长与电视新闻节目近似，内容上以时事资讯为主，目的在于满足受众信息需求，所以事件本身具有新闻价值是最主要的，在此基础上只要拍摄者较客观真实地还原新闻现场，展现事件原貌，就能够对网民产生足够的吸引力，至于拍客的拍摄技巧、对新闻的后期加工能力等都是次要因素。而且，时事类微视频容易培养用户的浏览习惯，用户黏性较高，依靠传统媒体原有的广告资源和品牌影响力，较容易形成明晰的广告客户目标群体[②]。因此，微视频如果与传统电视台联手，以新闻、资讯等为题材，尚有较大的发展空间。

此外，UGC内容的开发利用，还要注意与社会化媒体的结合。除了更方便

---

① 中国互联网络信息中心. 2011年中国网民网络视频应用研究报告［R］. 北京：中国互联网络信息中心，2012.

② 赖黎捷，李明海. 微视频的内容定位与赢利模式分析［J］. 中国广播电视学刊，2011(12).

用户上传、分享之外，社会化媒体平台对广告客户来说是一个非常好的营销平台，可以和用户产生互动。视频网站用户中，35．3%的用户有在网站分享视频的经历，由于当前大部分视频网站、SNS网站以及微博、微信都有方便快捷的分享功能，使得用户对所感兴趣的视频进行分享的积极性较高[①]。

3．新闻视频模式

这一模式主推新闻类短视频，视频新闻主要来自各电视台、各流媒体制作机构，当然也包括来自民间的拍客、播客类视频。由于大部分新闻视频的制作单位都具有优良品质，所以视频产品的专业性较有保障。选择这一发展模式的视频网站最好能够背靠强势的传统媒体，利用母体优势进行叠加媒体的品牌包装。如凤凰视频选择的就是以新闻视频为主的道路，它背靠凤凰卫视，最突出的优势之一就是相比较其他视频网站而言内容成本并不很高。

具体选择何种模式，要根据网站的实际情况综合考虑，也可以选择一种或两种模式为主来发展。总之，在分众时代，依托优质内容的差异化竞争策略才能求得生存和发展。只有具备“人无我有，人有我优，人优我新”的错位竞争意识，才能在整个产业内部形成百花齐放的多元文化格局。

（二）视频产业：优化盈利模式，推动产业联合

首先，完善价值链、创新营销模式，开展用户付费、版权收费、移动增值、开发衍生产品、视频分销、电子商务、企业推广等多功能、不同定位的组合业务，与新兴或成熟的商业业务形式积极嫁接，开发多种盈利方式。比如，视频网站可以与影视厂商合作，收取一定费用后，在网站上播放新影片或新剧的片花及经典画面，帮助新片、新剧进行宣传推广。

其次，实行纵向一体化战略延长价值链：通过前向一体化对原有资源进行综合利用，以分销方式降低版权购买成本，并整合PC、TV、平板电脑、手机等多终端观看平台，增加盈利点；通过后向一体化积极开发满足不同用户需要的自制内容，并出售给其他媒体。

再次，扩大竞争合作平台，推动产业联合，资源优化共享。网络微视频的商业属性已受到文化产业界的充分关注，许多网络运营商从产业链的角度来构筑微视频与网络小说、网游、动画、广告、传统影视剧之间的互动关系，成功

---

① 中国互联网络信息中心．2013年中国网民网络视频应用研究报告［R］．北京：中国互联网络信息中心，2014.

的案例也不在少数：改编自同名网络小说的搜狐门户剧《钱多多嫁人记》吸引了北京现代、巴黎欧莱雅、New Balance、TOTO等众多品牌的广告投放，并获得中国首个网剧大奖——金鹏奖最佳网剧奖，可谓市场和口碑双丰收；获得2010土豆映像节最佳动画片奖的《李献计历险记》被改编为电影；为宣传网游《征途2》所拍摄的微电影《玩大的》火爆网络，被改编为时尚电音话剧……此外，要重视与传统媒体、不同业态新媒体竞争对手的跨业务合作，尤其要与广电行业、手机新媒体行业开展内容业务与运营平台的合作，利用成熟的广电网络与便捷快速的移动网，依托独家内容资源，将广电网下用户、新媒体网上用户吸引到互联网视频网站中，增加用户对网站的黏性①。目前视频网站与传统媒体之间的合作早已开展，其途径有签订内容供应协议，合作拍摄网剧或微电影后在不同平台上同步播映等。不同视频网站之间也出现了购并合作的趋向，如盛大收购酷6网、人人收购56网、优酷与土豆的并购等。4G时代的到来，为微视频从互联网领域延伸至手机平台，进一步扩大受众面提供了一个良好的发展机遇。随着文化产业化程度的不断提高，不同产业链将会进一步整合，实现资源的优化共享。

最后，加强平台提供商与内容提供者、运营商、技术开发商之间的互动。注意提高微视频品质，吸引更多忠诚用户，减少“沉默流量”，增加能够带来商业价值和利润的“有效流量”；注意保护内容生产者的权益。2012年3月，爱奇艺开始执行“分甘同味”内容战略，面向专业影视制作机构和个人提供视频播放平台，并对由此带来的广告收入进行合约分成。“分甘同味”战略对于内容创作者——尤其是个人创作主作品版权的有效维护，值得同业借鉴②。通过买卖合作的形式让技术开发商参与网站的技术建设，或者与多家运营商进行合作，以增加服务器的方式来节省带宽资源，降低技术开发和购买带宽与流量所付出的成本，同时不断采用新技术提升用户体验，获取更高的点击率和利润。

（三）政府：结合多种手段，建立面向媒介融合的管理体系

网络世界的基本价值冲突之一，就是网络行为主体对自由的无限追求与网

① 刘燕．网络视频产业“生态紊乱”乱象及其破解［J］．当代电影，2011（7）．

② 万晓红，张德胜．试论微电影在我国的社会影响［J］．现代传播，2014（1）．

络规范的约束无所不在，导致了网络自由与规范的矛盾。面对网络微视频生产快速发展所衍生出的种种伦理法制问题，现行管理模式着重强调政府的作用，管制手段以行政干预和网络立法为主，但管理中存在网络立法不完善、监管政策滞后、管理模式不清晰、不能很好地适应媒介融合的时代发展潮流等问题。对此可采取以下措施：

1. 完善传统的法律规范和制度约束手段

传统的法律规范和制度约束手段在整个管理体系中起着宏观导向作用，必须坚持。为适应互联网的飞速发展，我国不断出台以法律、法规、细则、条例、办法等命名的互联网管理法律法规，其中关于网络微视频管理的主要法律规范有：

1999 年国家广电总局制定的《信息网络传播广播电影电视类节目监督管理办法》，其中第十八条规定通过信息网络直播转播使用广播电台电视台节目，应取得广播电台电视台的许可，但是由于当时互联网还只是拨号上网，ISDN 不普及，网络上涉及的视频类节目较少，因此该规定并未产生很大影响。

之后国家广电总局在 2003 年 2 月、2004 年 10 月又相继发布了《互联网等信息网络传播视听节目管理办法》（15 号令）、《互联网等信息网络传播视听节目管理办法》(39 号令)，打破了以往电信业务和广电业务相互不渗透的政策壁垒，为互联网站的发展提供了政策支持。

2007 年 12 月国家广电总局与信息产业部又发布《互联网视听节目服务管理规定》(56 号令)。其内容共有 29 条，反映出政府机构要对国内网络视频行业加强管理、严格管理的明确态度。其基本原则可以概括为四点：实行许可证管理制度、明确服务主体的国有身份、保护广播电视节目的网络运营、禁止个人参与时政类节目网络传播[①]。“56 号令”的及时出台对于规范网络视频传播中的乱象，提高视频生产质量，促进网络视频媒体的长远发展是非常必要的。

2009 年 3 月 30 日颁发的《广电总局关于加强互联网视听节目内容管理的通知》，对不允许传播的各类网络视听节目进行了十分详尽的规定。比如，针对网络恶搞等文化现象所制定的管理条例有：第二条规定各互联网视听节目服务单位要及时剪节、删除具有“蓄意贬损、恶搞革命领袖、英雄人物、重要历史人物、中外名著及名著中重要人物形象的”、“以恶搞方式描绘重大自然灾害、意

① 李建刚. 试论我国网络视频管理新规的社会影响 [J]. 河南社会科学，2008 (3).

外事故、恐怖事件、战争等灾难场面的”等情节的互联网视听节目。第三条规定“互联网视听节目服务单位要完善节目内容管理制度和应急处理机制，聘请高素质业务人员审核把关，对网络音乐视频 MV、综艺、影视短剧、动漫等类别的节目以及‘自拍’、‘热舞’、‘美女’、‘搞笑’、‘原创’、‘拍客’等题材要重点把关，确保所播节目内容不违反本通知第一、二条规定。同时，对网民的投诉和有关事宜要及时处置”。在网络色情方面，“具体展现淫乱、强奸、乱伦、恋尸、卖淫、嫖娼、性变态、自慰等情节的”、“表现或隐晦表现性行为、性过程、性方式及与此关联的过多肉体接触等细节的”、“故意展现、仅用肢体掩盖或用很小的遮盖物掩盖人体隐私部位的”、“带有性暗示、性挑逗等易使人产生性联想的”、“宣扬婚外恋、多角恋、一夜情、性虐待和换妻等不健康内容的”、“以成人电影、情色电影、三级片、偷拍、走光、露点及各种挑逗性文字或图片作为视频节目标题或分类的”的视听节目都被严令禁止。此外，“有强烈刺激性的凶杀、血腥、暴力、自杀、绑架、吸毒、赌博、灵异等情节的”、“有过度惊吓恐怖的画面、字幕、背景音乐及声音效果的”、“具体展示虐杀动物，捕杀、食用国家保护类动物的”等凶杀暴力场面也不允许出现在网络视听节目之中。

2012 年 7 月，针对网络剧、微电影等网络视听节目中出现的内容低俗、格调低下、渲染暴力色情等问题，广电总局和国家互联网信息办联合下发《关于进一步加强网络剧、微电影等网络视听节目管理的通知》，明确了规范发展的措施，一是互联网视听节目服务单位按照“谁办网谁负责”的原则，对网络剧、微电影等网络视听节目一律先审后播；二是网络视听节目行业协会组织开展行业自律；三是政府管理部门依法对业务开办主体进行准入和退出管理。2014 年 1 月，广电总局又印发了《关于进一步完善网络剧、微电影等网络视听节目管理的补充通知》，对网络剧、微电影等网络视听节目在题材选择、节目内容、制作资质等方面作了进一步规范。

此外，原有民法、刑法、竞争法、知识产权法等法律文件中的一些相应规定可以适用于网络视频管理，各种互联网管理的法律法规中，也有不少涉及网络视频管理的内容。完善针对网络微视频的立法要注意传统法律和网络立法相结合、网络立法现实性和前瞻性相结合。一方面，我们不一定要把对网络微视频的管理纳入一个全新的领域来思考。现有的法律法规是经过实践检验相对比较成熟的，部分相关内容经过解读后可以直接用于网络。同时，网络微视频作为一个新鲜事物，现有的法律法规无法涵盖它，必须在原有的基础上增加一些条款或做一些司法解释，并及时出台新的专门性法律法规，例如，现有法律法规对如何区分视频网站的内容哪些是由网站制作，哪些是由网友上传，如何分担责任等重要问题（也是视频网站引发社会问题的重点）并没有规定，这些法律空白有待填补。另一方面，网络立法要立足于现实，及时将网络微视频传播中出现的新现象纳入法律规范之中，某些比较重要的领域可以制定专门的法律、法规，如上述《关于进一步加强网络剧、微电影等网络视听节目管理的通知》。网络立法要适应网络快速发展的特点，具有一定的弹性空间和前瞻性、预测性，同时也要注意增强法规政策的稳定性、包容性和触及面，避免重复出台法规政策，出现法规政策疲劳，影响其严肃性和权威性。

2. 运用技术控制和自律手段进行柔性管理

适应网络微视频生产的便捷性、即时性、交互性和广泛性、开放性特点，在尚未完全把握其运行规律的情况下，可借鉴英美等国“最低限度干预”的管理理念，将管制权更多下放到视频服务商、用户手中，在政府管理模式的选择上实现“两个转型”，即从以法律、法令控制为主向德法互动、政策引导和公众自愿参与并存管理转型，从强制模式主导型控制向政府强制与自我控制有机结合的协商型管理转型，运用技术控制和自律手段进行柔性管理。

在技术控制上，要重视节目关键词过滤技术、视频画面和语音内容识别检索技术、版权内容监测技术等技术手段的开发运用，积极推进内容分级阅读制度的实施。

在自律手段方面，应与广大运营主体广泛沟通，建立问题运营商约谈机制，使政策意图得到运营主体的认同，提高运营主体合法合规运营的自律意识[①]。在2012土豆映像节上，土豆网CEO王微和优酷CEO古永锵携手发布《承德宣言》，反对商业过度侵蚀网络原创文化，坚持为互联网而创。土豆和优酷作为创作者聚集和发布的平台，将针对性推出更多的培育制度和扶持计划，帮助他们解决创作领域以外的问题。此外宣言还呼吁相关行业共同推进建立规范，保护创作者权益和健康的市场环境，从产业和制度上对内容和商业性进行平衡，鼓励巧妙和相对隐性的品牌结合——这种行业内部的统一认识和共同行动对于规范行业乱象、促成优秀作品产出十分重要。此外，还应将公民教育和授权用户自我控制纳入当前政府管理体制，其好处有三：可以有效减少网民生产不良视

① 杨明品，贺筱玲. 网络视频发展的政策选择［J］. 电视研究，2009（7）.

频内容；有利于调动版权权利人在网络视频传播中的维权积极性，维护网络视频版权秩序；有利于发挥公众监督举报制度的作用，使行业自律和网民自律形成良性互动。

3. 重视市场手段在产业管理中的作用

互联网商业化市场化特征较其他媒介更为明显，管理中要借助市场手段，才能经得起市场规律、价值规律、产业发展规律的考验。视频用户和广告商对微视频品质的自然选择是市场优胜劣汰机制发挥作用的基本途径，不应过度干预。

4. 建立面向媒介融合的管理体系

视频网站的发展在很大程度上体现了当今的一个潮流：媒介融合。媒介融合（Media Convergence）这一概念最早由美国马萨诸塞州理工大学的浦尔教授提出，其本意是指各种媒介呈现出多功能一体化的趋势，媒介融合首先是传播技术的融合，即统一的数字技术在不同种类的传播媒介的普遍应用，再深层次，就是各种传播媒介的融合，多种传统的大众传播媒介，通过互联网技术找到了自己的新形态，如电子报纸、互联网广播、网络商店等，同时一直作为通讯信道的公共信息网络也向大众传播媒介甚至商业进发如视频网站的发展等，更深层次的就是传播制度的融合，涉及不同传播媒介管理体制的整合，如通讯网络与大众传播媒介管理的整合，报纸与广播电视管理的整合。如今网民人数众多，他们不仅是传统的受众，有时又是威力巨大的传播者，这使得传统的大众媒介管理模式受到空前的挑战。所以视频网站的管理应该从根本上立足于互联网管理体系，并面向媒介融合的趋势。

在国家大力提倡“三网融合”的背景下，我国网络视频产业面临前所未有的历史机遇，从单一的互联网向广电网、电信网延伸，网络媒体与传统媒体将呈现跨平台融合发展，传统的广电、出版、文化等区块划分与管理部门职责分配已经不能适应当前网络视频产业的发展。针对我国互联网信息服务管理领域“多头管理”的现状，除了加强管制机构之间的沟通与协调，细化各机构管制范围外，还需要有一个机构来协调、优化各管理部门之间的职能。

从国外的发展来看，很多国家都建立了面向融合的管制机构，统一事权，减少冲突。例如美国有 FCC，德国设立了网络经济管制局 BNETZA，英国进行得最为彻底，2003 年推出了新通信法，并依据该法成立新管制机构 Ofcom（由电信管理局、无线电通信管理局、独立电视委员会、无线电管理局、播放标准委员会五个机构融合而成)，全面负责电信、电视和无线电监管。Ofcom 将原五大管理机构的职能进行了高度集成和横向组合，彻底打破了信息领域中存在的各种壁垒，使技术和业务得到进一步融合。从部门分类和部门职责中，基本看不出广电和电信分头管理的痕迹。正是有了统一的机构，才能扫除各部门、行业管理的壁垒。借鉴国外经验，在我国可以新成立一个独立融合的管制机构，对原有管理机构的职能进行高度集成和横向组合，彻底打破管理中存在的各种壁垒，使技术和业务得到进一步融合，催生有利互联网产业发展和意识形态等多功能管理职能的整合，真正解决监管多头而又无人负责的问题。

(四）网民：培育媒介素养，提高视频创作与欣赏能力

媒介素养（media literacy）概念始于 20 世纪 30 年代的英国，国外媒介素养研究的发展经历了四次学术理念上的转移。1933 年，英国学者利维斯（F. R. Leavis）和汤普森（D. Thompson）在文化批评论著《文化与环境：培养批判的意识》中，首次提出了“媒介素养”概念，其目的是保护英国的价值观念和传统文化不受当时以电影、广播等新兴视听媒介为代表的流行文化的冲击，这是媒介素养的第一代理念。此后，媒介素养的概念经历了一个变化进步的过程——最初的研究者视大众媒介为“下九流”的“带菌者”，站在精英主义的立场上提出媒介素养教育的职责是为公众打预防针，让公众对媒介不良内容产生对抗和免疫力；20 世纪 60 年代以后开始的文化多元化认识与实践，强调对媒介内容的选择和辨别力，由此进入媒介素养的第二代理念；20 世纪 80 年代，大众媒介传播内容成为占统治地位的主流文化，学界开始重视对媒介文本的质疑和批判性解读，形成媒介素养的第三代理念；20 世纪 90 年代以来所提倡的“赋权式”媒介素养观更强调如何使受众成为具有行动能力的现代社会“积极贡献者”，主要探讨“公众如何介入媒介内容生产以及如何通过自我表达促成健康的媒介社区”。自此，人们对媒介素养的认识日趋完善。国内学界对媒介素养的研究始于 20 世纪末。1997 年，卜卫在《论媒介教育的意义、内容和方法》一文中首次引入了“媒介素养教育”概念，此后，媒介素养研究逐渐受到国内学者的关注。

有关媒介素养的定义林林总总，美国媒介素养研究中心的定义是：媒介素养就是指人们面对媒介各种信息时的选择能力（ability to choose）、理解能力（ability to understand）、质疑能力（ability to question）、评估能力（ability to evaluate）、创造和生产能力（ability to create and produce）以及思辨的反映能力（ability to respond thoughtfully）。加拿大安大略省教育部提出，媒介素养旨在培养学生对媒体本质、媒体常用的技巧和手段，以及这些技巧和手段所产生的效应的认知力和判断力。美国学者 W. James Potter 在《媒介素养》一书中提出，媒介素养是一种观察方法，即当我们置身于媒介中时，为了解读我们所遇到的信息而主动采用的一种方法。我国学者张志安和沈国麟认为，媒介素养是指人们对各种媒介信息的解读和批判能力，以及使用媒介信息为个人生活、社会发展所用的能力。媒介素养内涵复杂、外延广泛，包含了个体从认识媒介、使用媒介到参与媒介的各种批判性反思、理解和行动能力[①]。

媒介素养是一个动态演进的概念。随着各种电子媒介及互联网等新媒体的出现和发展，“素养”的内涵也发生了变化与延展：素养不仅仅是读写能力，而且是理解、解释、分析、回应和作用于不断涌现的各种复杂信息来源的能力。针对不同媒介信息生产的不同特征，媒介素养的强调重点也不同：传统的素养定义只应用于印刷物“关于字词的知识；受过教育的；有学问的”；电视素养在基于认识电视模糊虚拟和真实界限等特征的基础上，强调观看电视的分析批判技巧；计算机素养强调对软件和硬件的学习和使用；网络素养强调认识和使用网络的能力。卜卫提出，网络素养教育的目标主要包括：了解计算机和网络的基础知识，对计算机、网络及其使用有相应的管理能力；培养创造和传播信息的能力；培养保护自己安全的能力，即在网上能够处理不良信息，保护自己不受侵害[②]。彭兰认为，网络兼具媒介与社会的双重属性，因此网民既是媒介内容的消费者与生产者，又是网络社会最基本的构成单位。网民素养需要将媒介素养与公民素养结合起来，还要充分考虑在网络赋权的情况下网民素养范围的扩展[③]。尽管不同媒介技术会带来不同媒介素养上的一些细微差别，但各种具体媒介的素养所关注的核心是相同的：都强调对信息的获取、辨识、评估、批判质疑、利用、表达能力。此外，还包括目前越来越受到重视的参与信息创造和传播的能力。

网民媒介素养的提高之所以能够相应提升网络微视频的质量，主要源于两点：其一，网民是微视频内容的生产者。UGC 模式是早期视频网站的主要发展

---

① 张志安，沈国麟．一个亟待重视的全民教育课题——对中国大陆媒介研究的回顾和简评［J］．新闻记者，2004（5）．

② 卜卫．媒介教育与网络素养教育［J］．家庭教育，2002（11）．

③ 彭兰．网络社会的网民素养［J］．国际新闻界，2008（12）．

模式，目前各大视频网站仍然十分重视草根原创微视频。作为UGC生产者的网民如果能够熟练掌握相应的制作方法和技术，无疑可以大大提升微视频的制作水平。其二，网民是微视频内容的消费者。网民艺术欣赏和文化消费能力的提高，向文化产品提出了更高的质量要求，这对文化生产有着直接的促进作用。从受众角度出发的“消费即生产”观点已成为引领网络视频产业不断推陈出新的重要动力。

提高网民的媒介素养是一个长期的、渐进式的过程，可以采用学校教育、社会教育和媒体宣传相结合的方法。具体来说，提升网民在网络视频方面的媒介素养可以采取以下措施：其一，编写一套适合于向不同人群普及媒介知识的材料，从小学到高校根据不同阶段青少年的特点开设相应的媒介素养课程，提高人们对媒体本质、媒体常用手段以及这些手段所产生的效应的认知力和判断力，使人们既了解网络媒体自身如何运作、网络媒体如何构架现实，也知道传媒产品与媒介信息生产的基本知识。在教材和课程中加入网络视频的相关内容，让网民明白合理使用网络视频所带来的正面效应，如表达意见、即时播报新闻、参与社会公共事务等，培养人们对网络视频适度的使用依赖和参与视频生产的兴趣。其二，在各大主流媒体上加大宣传力度，定期或不定期地开设网络媒介素养专栏，提高网民进行信息发布和再传播的自觉自律意识，通过正确的舆论引导将媒介素养理念渗透到人们的日常生活当中。这既有利于提高网民生产微视频的质量，又有助于形成良好的社会监督氛围，使网民成为监督不良视频的重要力量。“在庞杂的媒介信息面前，提升受众自身的选择、批判、使用能力，成为建构健康媒介生态必不可少的一环。”而更重要的是，“媒介素养不仅被视为公众一方制衡媒介不良表现的力量，而且，作为公民权利和责任的组成部分，媒介素养旨在强化公众的传播权，以及公众对大众传播媒介在民主机制中发挥正面作用所担负的责任”[①]。其三，在主要视频网站上开设视频制作专题，以网民喜闻乐见、生动活泼、通俗易懂的方式教授音频、视频、PS、3D、Flash动画制作等相关制作技术。其四，在网络视频界打造富有权威性和影响力的微视频大赛品牌，从参赛作品中精选各种类型的微视频作品，邀请影视界人士、媒体专家、学者、视频制作者、普通网民等在网络和电视等视听媒介上围绕作品从不同角度进行点评、讨论，分析其利弊得失。

---

① 陆晔. 媒介素养的全球视野与中国语境 [J]. 今传媒，2008 (2).

结 语

网络微视频的产生具有时代发展的必然性，它是网络技术、数字艺术、便利制作的产物，是大众移动化、快节奏生活方式转变的驱动和需要，也是影像形态发展多样化的结果。它有着自身独特的影像和叙事体系，符合静态与动态的双重观看要求。作为记录时代众生相的文化符码，网络微视频为我们对自身所处的时代进行观察思考提供了一个典型的文化范本。作为具有年轻心态的影像代表，它不追求宏大叙事，而是以主题上触碰社会现实但在影像上去沉重化，审美上娱乐化、视觉化的内容作为主流表达方式，获得了网民尤其是年轻网民的关注。

如果说20世纪90年代中后期DV影像的出现将传统影像从文化精英与体制内生产的束缚中解放出来，导致世界范围内影像生产的大众化与个人化，那么网络微视频的出现大大推进了这一影像生产的大众化和平民化，它将影像创作的自由进一步归还毫无影像经验的普通大众，甚至凭借极为简易的手机等工具就能完成一段微视频的制作与上传，这就彻底改变了受众的被动地位，赋予其互动传受者的双重身份，并将打破中国影视封闭保守的贵族化倾向，重新确认其大众传媒的本质属性，进而推动中国影视业步入真正的平民时代。同时，没有过多管理制度和禁忌的微视频，也为未来中国影视制作的中坚力量提供了实践的机会。

网络微视频的生产意义还不止于此。以青年群体为生产主体的网络独立短片中，流露出浓厚的亚文化风格，实现了生产视角的“向内转”（对创作者私人空间的张扬）和“向下沉”（对主流霸权的颠覆和对社会底层的强烈关注），以另类反叛的姿态冲击着长期由精英把持的影像体系，使影像世界呈现出更为丰富多元的面貌；众多由普通公民发布的报道社会现实的公民视频新闻，已建构出一个网络影像公共领域的雏形，其对弱势群体的自发关怀，对社会不公的极力披露，对公共事务的舆论监督，在一定程度上推动了社会民主化的进程；随着网络视频产业内容生产能力的增强和影响力的提高，互联网平台上土生土长的网络原生视频，也开始反向输出传统影视业，打破了长期以来传统媒体垄断影像生产的格局。网络媒体与传统媒体在视频内容上日益密切的合作，将对媒介传播格局产生重要而深远的影响。

目前网络微视频生产已呈现出创作由业余向专业、内容由恶搞向原创、制作由粗糙向高品质和由自娱自乐向商业营利等发展趋势。那么专业化生产和商业化追求是否是网络微视频的未来发展方向呢？

无疑，由于大量专业主义的影视业工作者进入视频网站的生产领域，由他们操盘的自制节目也逐渐脱离了“业余”的观感印象。在选题内容和视听效果等诸多方面产生明显的起色乃至呈现诸多的亮点[①]。但笔者认为，由于微视频微制作的特点，它鼓励创作者的自由表达，在专业性与大众性之间更倾向于大众性，其主体仍在于普通网民和可能走上影视之路的专业“草根”群体。另一无法忽视的现象是，许多网络微视频最初是按照个体趣味和“自我叙述”的需要制作出来的，但在媒体和市场的推波助澜下，它们如同朋克、爵士乐、摇滚乐等众多青年亚文化形式一样，最终摆脱了边缘的反叛风格，被吸收到主流文化之中，成为主流文化的一种形式，且与市场和商业紧密结合起来。在主流文化的有意召唤之下，急于寻求机遇、展现自我的年轻创作者，特别是一些高校学生，其创作从题材选择、拍摄技术、演员的筛选到表演风格等都逐渐开始习惯于迎合主流电影霸权，让这种展现成为自己进入主流电影产业的途径。商业化的推力犹如为生产者注入了一剂“强心剂”，提高了他们的生产积极性，对于产业的发展也不无裨益，正如文艺批评家苏珊·桑塔格所言：“商业化促进了艺术的民主化，而艺术的民主化又给艺术带来了强大的生命力。”但是，过度追求商业化必然会戕害微视频的品质，这一点已无需再赘述。笔者认为，网络微视频中最具有活力的部分，依然是与商业文化和主流意识形态保持距离的部分，虽“业余”却视角鬼马、选题精到、与民众现实生活息息相关的“草根性”微视频是微视频的生命力所在。在重视草根原创，以大成本打造不以营利为目的的高端微视频发布平台的基础上，引进一些专业化的制作理念和技术，生产一

---

① 徐帆. 从 UGC 到 PGC：中国视频网站内容生产的走势分析 [J]. 中国广告，2012 (2).

批既有一定品质又能获得丰厚商业回报的“网站出品”内容，可以起到提高网站竞争力和丰富微视频形态的作用。

网络微视频出现和兴盛的时间并不长，仍属发展中的新生事物，充满争议和不稳定性，其生产场域中存在不同力量的交锋和博弈。在当下的中国，新技术、新媒体、新的传播方式不断涌现，在很大程度上由社会变革所决定的网民网络行为具有不稳定性，网络微视频行业自身在竞争压力和营利欲望的驱动下也在不断进行变革创新，因此网络微视频的生产活动、文本形态和表现方法尚处于动态变化之中，其未来发展值得期待。

参考文献

一、著作

[1] W. J. T. 米歇尔. 图像理论 [M]. 陈永国，胡文征，译. 北京：北京大学出版社，2006.

[2] 尼古拉斯·米尔佐夫. 视觉文化导论 [M]. 倪伟，译. 南京：江苏人民出版社，2006.

[3] 道格拉斯·凯尔纳，斯蒂文·贝斯特. 后现代转向 [M]. 陈刚，译. 南京：南京大学出版社，2002.

[4] 道格拉斯·凯尔纳. 媒体奇观：当代美国社会文化透视 [M]. 史安斌，译. 北京：清华大学出版社，2003.

[5] 巴拉兹·贝拉. 电影美学 [M]. 何力，译. 北京：中国电影出版社，2003.

[6] 安德烈·巴赞. 电影是什么 [M]. 崔君衍，译. 北京：中国电影出版社，1987.

[7] 保罗·莱文森. 新新媒介 [M]. 何道宽，译. 北京：华夏出版社，2011.

[8] 丹尼尔·贝尔. 资本主义文化矛盾 [M]. 赵一凡，蒲隆，任晓晋，译. 北京：生活·读书·新知三联书店，1989.

[9] 丹尼斯·麦奎尔. 受众分析 [M]. 刘燕南，等，译. 北京：中国人民大学出版社，2006.

[10] 丹尼斯·麦奎尔，斯文·温德尔. 大众传播模式论 [M]. 祝建华，译. 上海：上海译文出版社，2008.

[11] 哈贝马斯. 公共领域的结构转型 [M]. 曹卫东，王晓珏，刘北城，

等，译. 上海：学林出版社，1999.

[12] 哈贝马斯. 作为“意识形态”的技术与科学 [M]. 李黎，郭官义，译. 上海：学林出版社，1999.

[13] 戴安娜·克兰. 文化生产：媒体与都市艺术 [M]. 赵国新，译. 南京：译林出版社，2001.

[14] 伊莱休·卡茨，等. 媒介研究经典文本解读 [M]. 北京：北京大学出版社，2011.

[15] 赫伯特·马尔库塞. 单向度的人 [M]. 上海：上海译文出版社，2006.

[16] 马克斯·霍克海默，西奥多·阿道尔诺. 启蒙辩证法 [M]. 渠敬东，曹卫东，译. 上海：上海人民出版社，2006.

[17] 居伊·德波. 景观社会 [M]. 王昭风，译. 南京：南京大学出版社，2006.

[18] 马克·波斯特. 第二媒介时代 [M]. 范静哗，译. 南京：南京大学出版社，2005.

[19] 马尔库塞. 单向度的人——发达工业社会意识形态研究 [M]. 刘继，译. 上海：上海译文出版社，2006.

[20] 卡尔·马克思，弗里德里希·恩格斯. 马克思恩格斯全集：第 26 卷 [M]. 北京：人民出版社，1972.

[21] 卡尔·马克思，弗里德里希·恩格斯. 马克思恩格斯全集：第 42 卷 [M]. 北京：人民出版社，1972.

[22] 马歇尔·麦克卢汉. 理解媒介——论人的延伸 [M]. 北京：商务印书馆，2000.

[23] 梅罗维茨. 空间感的失落：电子媒介对社会行为的影响 [M] // 张国良. 20 世纪传播学经典文本. 上海：复旦大学出版社，2003.

[24] 尼尔·波兹曼. 技术垄断：文化向技术投降 [M]. 何道宽，译. 北京：北京大学出版社，2007.

[25] 尼尔·波兹曼. 娱乐至死·童年的消逝 [M]. 章艳，吴燕莛，译. 桂林：广西师范大学出版社，2009.

[26] 尼古拉斯·尼葛洛庞帝. 数字化生存 [M]. 胡泳，范海燕，译. 海口：海南出版社，1997.

[27] 让·鲍德里亚. 消费社会 [M]. 刘成富，全志钢，译. 南京：南京大学出版社，2008.

[28] 让·鲍德里亚. 仿真与拟象 [M]//汪民安，陈永国，马海良. 后现代性的哲学话语——从福柯到赛义德. 杭州：浙江人民出版社，2000.

[29] 阿瑟·阿萨·伯格. 通俗文化和日常生活中的叙事 [M]. 姚媛，译. 南京：南京大学出版社，2000.

[30] 约翰·费斯克. 理解大众文化 [M]. 王晓珏，译. 北京：中央编译出版社，2001.

[31] 约翰·费斯克. 解读大众文化 [M]. 杨全强，译. 南京：南京大学出版社，2001.

[32] 约翰·费斯克. 电视文化 [M]. 祁阿红，译. 北京：商务印书馆，2005.

[33] 保罗·M. 莱斯特. 视觉传播：形象载动信息 [M]. 霍文利，译. 北京：北京广播学院出版社，2003.

[34] 罗兰·巴尔特. 符号学原理. 王东亮等，译. 北京：生活·读书·新知三联书店，1999.

[35] 罗兰·巴尔特. 神话——大众文化阐释 [M]. 上海：上海人民出版社，1999.

[36] 约瑟夫·阿伽西. 科学与文化 [M]. 邬晓燕，译. 北京：中国人民大学出版社，2006.

[37] 约翰·帕夫利克. 新媒体技术——文化和商业前景 [M]. 周勇，译. 2 版. 北京：清华大学出版社，2005.

[38] 弗雷德里克·詹姆逊. 文化转向 [M]. 胡亚敏，等，译. 北京：中国社会科学出版社，2000.

[39] 詹姆逊. 晚期资本主义的文化逻辑 [M]. 陈清侨，译. 北京：生活·读书·新知三联书店，1997.

[40] 杰姆逊. 后现代主义与文化理论 [M]. 唐小兵，译. 北京：北京大学出版社，1997.

[41] 迈克·费瑟斯通. 消费文化与后现代主义 [M]. 刘精明，译. 南京：译林出版社，2000.

[42] 多米尼克·斯特里纳蒂. 通俗文化理论导论 [M]. 阎嘉，译. 北京：

商务印书馆，2001.

[43] 约翰·斯道雷. 文化理论与通俗文化导论 [M]. 杨竹山，等，译. 2版. 南京：南京大学出版社，2001.

[44] 安吉拉，默克罗比. 后现代主义与大众文化 [M]. 田晓菲，译. 北京：中央编译出版社，2006.

[45] 斯图尔特·霍尔编. 表征——文化表象与意指实践 [M]. 徐亮，等，译. 北京：商务印书馆，2003.

[46] 苏珊·桑塔格. 反对阐释 [M]. 程巍，译. 上海：上海译文出版社，2003.

[47] 迈克尔·波特. 竞争优势 [M]. 夏中华，译. 北京：中国财政经济出版社，1988.

[48] 丹·吉摩尔. 草根媒体 [M]. 陈建勋，译. 南京：南京大学出版社，2010.

[49] 哈莜盈，理查德·甘那. 全球网播：新媒介商业运营模式 [M]. 杭敏，刘丽群，译. 北京：清华大学出版社，2009.

[50] 坦尼·哈斯. 公共新闻研究：理论、实践与批评 [M]. 曹进，译. 北京：华夏出版社，2010.

[51] 周宪. 视觉文化的转向 [M]. 北京：北京大学出版社，2008.

[52] 唐建英. 博弈与平衡：网络音视频服务的规制研究 [M]. 北京：中国广播电视出版社，2011.

[53] 王建磊. 草根报道与视频见证：公民视频新闻研究 [M]. 北京：中国书籍出版社，2012.

[54] 陈一. 拍客：炫目与自恋 [M]. 苏州：苏州大学出版社，2012.

[55] 曾一果. 恶搞：反叛与颠覆 [M]. 苏州：苏州大学出版社，2013.

[56] 王明轩. 即将消亡的电视：网络化与互动视频时代的到来 [M]. 北京：中国传媒大学出版社，2009.

[57] 蓝爱国. 网络恶搞文化 [M]. 北京：中国文史出版社，2007.

[58] 雷建军. 视频互动媒介 [M]. 北京：清华大学出版社，2007.

[59] 殷俊，袁勇麟. 影像叙述现实·网络视频新媒体播客传播研究 [M]. 成都：四川大学出版社，2012.

[60] 田智辉. 新媒体传播——基于用户制作内容的研究 [M]. 北京：中

国传媒大学出版社，2008.

[61] 胡惠林，单世联. 文化产业研究读本（中国卷）[M]. 上海：上海人民出版社，2011.

[62] 胡惠林，单世联. 文化产业研究读本（西方卷）[M]. 上海：上海人民出版社，2011.

[63] 罗岗，顾铮. 视觉文化读本 [M]. 桂林：广西师范大学出版社，2003.

[64] 吴琼，杜予. 上帝的眼睛：摄影的哲学 [M]. 北京：中国人民大学出版社，2005.

[65] 孟建，Stefan Friedrich. 图像时代：视觉文化传播的理论诠释 [M]. 上海：复旦大学出版社，2005.

[66] 罗钢，刘象愚. 文化研究读本 [M]. 北京：中国社会科学出版社，2003.

[67] 罗钢，王中忱. 消费文化读本 [M]. 北京：中国社会科学出版社，2003.

[68] 王先霈，王又平. 文学理论批评术语汇释 [M]. 北京：高等教育出版社，2006.

[69] 贾磊磊. 影像的传播 [M]. 桂林：广西师范大学出版社，2005.

[70] 陈奇佳. 马克思精神生产理论的当代诠释 [M]. 北京：人民出版社，2011.

[71] 欧阳友权. 数字媒介下的文艺转型 [M]. 北京：中国社会科学出版社，2011.

[72] 庞井君. 中国视听新媒体发展报告（2011）[M]. 北京：社会科学文献出版社，2011.

[73] 张开. 媒介素养概论 [M]. 北京：中国传媒大学出版社，2006.

[74] David Croteau，William Hoynes. Media Society：Industries，Images，an Audiences [M]. 2nd ed. London：Pine Forge Press，2009.

[75] Denis McQuail. Mass Communication—Volume 1：Theories，Basic Concepts and Varieties of Approach [M]. London：Sage Publications，2006.

[76] Peter Block，et al. Managing in the Media [M]. New York：Focal Press，2007.

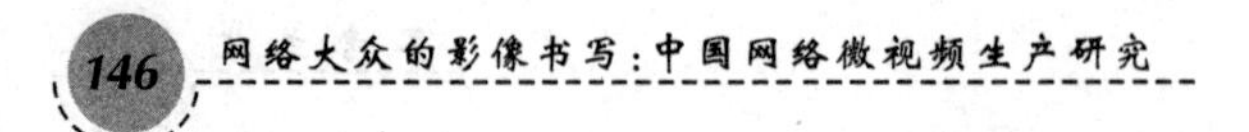

[77] Neil Postman. Amusing Ourselves to Death: Public Discourse in the Age of Show Business [M]. NewYork: Penguin Books, 1985.

[78] Theodor W. Adorno. Samuel and Shierry Weber [M]. Prisms, trans. Cambridge: The MIT Press, 1981.

[79] August E. Grant, Jeffrey S. Wilkinson. Understanding Media Convergence: the State ofthe Field [M]. New York : Oxford University Press, 2009.

[80] Cornelia Brunner, William Talley. The New Media Literacy Handbook: An Educator's Guide to Bringing New Media Into the Classroom [M]. New York: Anchor Books.

[81] Ellen Seiter: Television and new media audiences [M]. New York: Oxford University Press, 1999.

[82] Gillmor, Dan. We the media: grassroots journalism by the people, for the people, Published Beijing ; Sebastopol, CA : O'Reilly, 2004.

[83] Wilson P. Dizard: Old media /new media: mass communications in the information age [M]. London: Longman, 1994.

二、期刊论文及报纸文章

[1] 王小平. 图像“暴政”：身体政治下的景观 [J]. 天府新论，2007 (5).

[2] 喻国明. 关注 Web2.0：新传播时代的实践图景 [J]. 中国人民大学复印报刊资料 · 新闻与传播，2006 (12).

[3] 陈霖，邢强. 微视频的青年亚文化论析 [J]. 国际新闻界，2010 (3).

[4] 董天策，昌道励. 数字短片的青年亚文化特征解读——以优酷网和 56 网的原创数字短片为例 [J]. 中国地质大学学报：社会科学版，2010 (6).

[5] 曾一果. 抵抗与臣服——青年亚文化视角下的新媒体数字短片 [J]. 国际新闻界，2009 (2).

[6] 徐帆. 从 UGC 到 PGC：中国视频网站内容生产的走势分析 [J]. 中国广告，2012 (2).

[7] 杜建华，杜蓉. “三网融合”下视频分享网站内容细分化生产 [J]. 南方电视学刊，2011 (3).

[8] 张波. 论微电影在当下中国的生产及消费态势 [J]. 现代传播，2012 (3).

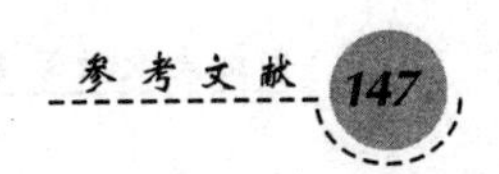

[9] 聂伟，吴舒．微电影：演变、机遇与挑战 [J]．上海大学学报：社会科学版，2012 (4).

[10] 曹慎慎．“网络自制剧”观念与实践探析 [J]．现代传播．2011 (10).

[11] 晏青．论视频内容生产：动力、目标和路径——基于媒介融合的视角 [J]．北京理工大学学报：社会科学版，2011 (3).

[12] 彭华新，欧阳宏生．三网融合背景下的视频产业生存 [J]．国际新闻界，2011 (8).

[13] 邓秀军，刘静．基于流媒体技术的网络视频用户自制传播模式分析 [J]．现代传播，2011 (10).

[14] 吴献举．公民新闻的发展与公共领域的建构 [J]．重庆社会科学，2009 (4).

[15] 吴信训，王建磊．我国互联网上公民视频新闻的传播解析 [J]．国际新闻界，2009 (8).

[16] 雷蔚真，欧阳春香．视频拍客对公民新闻传播机制的影响 [J]．新闻战线，2010 (2).

[17] 雷蔚真，郑满宁．WEB2.0 语境下虚拟社区意识 (SOV) 与用户生产内容 (UGC) 的关系探讨——对 KU6 网的案例分析 [J]．现代传播，2010 (4).

[18] 吴洪，虞旸．危机事件中的网络视频传播与话语分析 [J]．重庆社会科学，2009 (6).

[19] 于德山．我国网络视频传播的崛起与当代视觉文化生态 [J]．中国电视，2009 (8).

[20] 黄宝贤．网络原创视频短片的叙事艺术 [J]．大众文艺，2010 (5).

[21] 胡芳，彭云峰．自我意识与媒介抵抗：对网络原创视频的一种文化分析 [J]．新闻知识，2011 (9).

[22] 赵陈晨，吴予敏．关于网络恶搞的亚文化研究述评 [J]．现代传播，2011 (7).

[23] 赖黎捷，李明海．微视频的内容定位与赢利模式分析 [J]．中国广播电视学刊，2011 (12).

[24] 闫云霄．网络视频营销手段的创新与变革 [J]．新闻界，2011 (3).

[25] 殷乐．当代传播的互文性与景观娱乐 [J]．中国社会科学院院报，2008 (3).

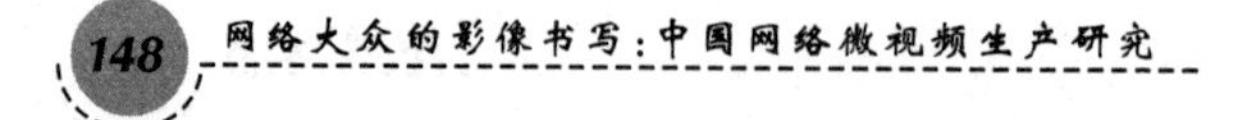

[26] 刘燕. 网络视频产业“生态紊乱”乱象及其破解 [J]. 当代电影, 2011 (7).

[27] 关萍萍. 媒介融合背景下网络视频产业政策的内容分析 [J]. 电视研究, 2011 (8).

[28] 王勇, 赵靓. 大学生使用网络微视频的调查报告——以“长株潭”三地大学生为例 [J]. 湖南工业大学学报: 社会科学版, 2013 (2).

[29] 侯光明. 论中国微电影大时代的到来及其发展路径 [J]. 当代电影, 2013 (11).

[30] 万晓红, 张德胜. 试论微电影在我国的社会影响 [J]. 现代传播, 2014 (1).

[31] 马诚. 探析微电影的发展现状与前景 [J]. 当代电影, 2014 (5).

[32] 蔡学亮. 浅谈新媒体视域下微电影的发展之路 [J]. 当代电影, 2014 (6).

[33] 王明会, 丁焰, 白良. 社会化媒体发展现状及其趋势分析 [J]. 信息通信技术, 2011 (5).

[34] 北梦原. 社会合力下的网络原创视频生产传播机制 [J]. 湖南广播电视大学学报, 2011 (1).

[35] 杨晓茹. 网络电影传播趋势研究 [J]. 新疆艺术学院学报, 2011 (2).

[36] 鲍金. 文化的商品与公共产品特性 [J]. 哲学动态, 2008 (9).

[37] 雨辰. “微时代”中国青年亚文化的视觉书写 [N]. 光明日报, 2012-7-8.

[38] 袁蕾. 大史记: “馒头”的榜样 [N]. 南方周末, 2006-2-23.

[39] 牛萌, 孙琳琳. 微电影现状弊端再受关注 遭广告商挟持前途未卜 [N]. 新京报, 2012-5-9.

[40] 孙佳音, 陈晓彬. 自制剧被指运用情色元素不当 恐对少年有负面影响 [N]. 新民晚报, 2012-2-26.

三、报告

[1] 中国互联网络信息中心. 第22—34次中国互联网络发展状况统计报告 [R]. 北京: 中国互联网络信息中心, 2008—2014.

[2] 中国互联网络信息中心. 2010—2013年中国网民网络视频应用研究报告 [R]. 北京: 中国互联网络信息中心, 2010—2014.

[3] 优酷、群邑、新生代市场监测机构.《中国网络视频用户媒体及消费行为调查》[EB/OL]. http://www.donews.com/net/201112/1040990.shtm .

后 记

这本书是由我的博士后出站报告修改而成的。书稿完成之际，我在武汉生活已整整十年。十年前，怀揣着对新闻的梦想，我从风光秀美的江南来到人文气息浓厚的武汉。那一年，位于桂子山上的这座学府正迎来它的百年华诞。跨专业考研的我在这里开始聆听人生中的第一堂新闻传播专业课，撰写第一篇专业论文。在学术的道路上，我像个蹒跚学步的孩子，因为懂得自己的不足，所以加倍努力。十年后的盛夏流火天，我完成了博士后出站答辩，成为桂子山众多教师中的一员新兵。

在华中科技大学获得传播学博士学位后，我选择在历史悠久、实力雄厚的华中师范大学中国语言文学博士后流动站继续从事博士后研究。然而，当从偏重实务的网络传播专业转入以理论见长的文艺学专业，从读博期间的定量研究重新回到定性研究时，面对研究方向和研究思路上的转变，我心中是不无忐忑的。深深感谢我的博士后合作导师胡亚敏教授，她结合我的学术背景和研究兴趣，早早地与我商定出站报告的选题范围，让我能够尽快调整思路，静下心来从事研究。胡老师治学严谨，学术思维活跃，在生活中却十分和蔼可亲、善解人意，虽然身为一院之长，行政工作极其繁忙，但每每我学术上有疑问想请教时，她总是能以最快的速度给予回复，抽出时间和我一起探讨，且总能一针见血地指出我研究中的不足，对我的出站报告，胡老师给予了诸多的关心与指导。与胡老师相处两年，她作为一位知名学者在学术上的大家风范和高尚的品德令我深深地敬仰。

诚挚地感谢我的博士生导师钟瑛教授，她一直不断地鼓励我积极开展学术研究工作，并总是一如既往地关心我，给予我许多帮助。当得知我顺利出站并落实工作时，钟老师特别高兴。对我而言，钟老师不但是我学术上的引路人，更是一位可亲可敬的长辈，从钟老师身上我学到的不仅是知识，更有许多为人处世的宝贵经验。

诚挚地感谢曾指导、帮助过我的王先霈教授、孙文宪教授、张玉能教授、员怒华教授、修倜教授、刘九洲教授、喻发胜教授、彭涛教授等，同样还要感谢我的同门、学友、好友铁翠香、李亚玲、张冀、万娜、肖艳、梁亮、龚滔、罗昕等，做博后时他们的关心和鼓励，给了我莫大的安慰。

书稿写作期间，我收获了此生最大的礼物——女儿乐乐降临人世。小家伙很喜欢笑，女儿甜甜的笑容，以及完稿后能有更多时间陪伴女儿的心愿，是支撑我战胜疲惫和困难的主要力量。在此，我向一直支持我的先生张凯，以及辛苦照顾我和女儿的父母、公婆致以深深的谢意，这本书也是献给他们最好的礼物。

人生之路很长，科研之路也很长，无论今后的路上是风和日丽还是风雨如晦，我都要踏实、努力地走好每一步！

刘琼

2013 年 12 月 12 日于武昌桂子山